Laych Kamal
Philippe Gérardin

Nouveaux traitements du bois par des hydropolyuréthanes écologiques

Laych Kamal
Philippe Gérardin

Nouveaux traitements du bois par des hydropolyuréthanes écologiques

L'utilisation de polycarbonates cycliques dérivés du glycérol

Presses Académiques Francophones

Cover image: www.ingimage.com

Publisher:
Presses Académiques Francophones
is a trademark of
International Book Market Service Ltd., member of OmniScriptum Publishing Group
17 Meldrum Street, Beau Bassin 71504, Mauritius

Printed at: see last page
ISBN: 978-3-8416-3407-8

Zugl. / Agréé par: l'Université Henri Poincaré, Nancy-I

A mon père

A ma mère

A mes frères et soeurs

A mes amis

En témoignage d'affection et de reconnaissance

Remerciements

La thèse de doctorat est un long chemin, parfois difficile, sur lequel on progresse pendant trois ans. Il faut contourner des obstacles, faire des détours ou encore rebrousser chemin pour prendre la meilleure voie. Aussi dure que cette route puisse être, elle reste une magnifique aventure humaine et scientifique dans laquelle la curiosité et l'envie nous poussent tous les jours à aller plus loin. Heureusement, ce chemin ne se fait pas seul. Selon moi, arriver au terme de cette histoire n'est possible que grâce aux personnes que l'on rencontre lors de son périple. Ces personnes marchent à vos cotés, vous donnent l'énergie et la volonté de continuer à mettre un pied devant l'autre. Jamais je n'aurai pu arriver au terme de cette histoire sans ces personnes et je tiens à les remercier.

Mes plus vifs remerciements s'adressent au Professeur Philippe Gérardin qui m'a encadré durant ces années de thèse. Je le remercie tout particulièrement pour l'intérêt qu'il a porté à ce sujet, pour la confiance qu'il m'a accordé ainsi que pour les conseils qu'il a su me prodiguer. Il a su me laisser prendre des initiatives et avec ses compétences, a contribué à ma formation scientifique. Il a toujours su être à l'écoute des étudiants de son laboratoire quelles que soient leurs doléances. Je le remercie aussi pour l'attention toute particulière dont il a fait preuve à mon égard au cours de la rédaction de cette thèse.

Mes plus sincères remerciements vont également à Monsieur Stéphane Dumarçay, Maître de Conférences à l'Université Henri Poincaré Nancy-I et à Monsieur Alain Lemor, Responsable Recherche et Développement à la société *Novance* de Compiègne qui, en agissant à titre d'examinateurs, sont fortement enrichi ma formation par leurs conseils et leurs commentaires forts utiles.

Je tiens à remercier Madame Christine Gérardin, Professeur, à l'Université Henri Poincaré, Nancy-I de m'avoir fait l'honneur de présider mon jury de thèse, et d'avoir su mener les débats d'une manière particulièrement habile.

Je remercie tout particulièrement Monsieur Pierre Krausz, Professeur à la Faculté des Sciences et Techniques de Limoges et Monsieur Bernard Martel, Professeur à l'Université des Sciences et Technologies Lille-I, pour l'honneur qu'ils m'ont accordé d'avoir accepté de juger ce travail et d'en être les rapporteurs.

Je voudrais remercier tout le personnel du LERMaB, permanents et étudiants, qui à un moment ou à un autre de ces années, m'ont prodigué des conseils scientifiques, fourni une aide matérielle et technique ou tout simplement humaine. Merci à Lyne Desharnais, Mounir Chaouch, Cindy Plun et Siham Benhadi, pour votre bonne humeur, pour ces folles années et les bons moments passés, en espérant que nos routes se recroissent le plus souvent possible.

Pour terminer, je voudrais remercier ma famille. Tout d'abord, mes parents. Leur soutien, leurs encouragements, leur optimisme et la confiance qu'ils ont en moi m'ont donné l'envie et le courage de continuer jour après jour. Je remercie également mon frère, docteur à l'Université de Genève, qui me comprend mieux que personne peut être parce qu'on a été faite dans le même moule et qui a ainsi pu toujours me conseiller, trouver les mots juste pour me motiver, me réconforter ou tout simplement m'écouter. Et enfin, merci à mes frères et sœurs, notre lien est plus solide qu'un rempart, vous m'avez toujours soutenu pendant toutes ces années. « Maintenant, je suis docteur, et pas seulement pour la journée !»

Liste des abréviations

Dans ce mémoire, les abréviations suivantes ont été utilisées:

ADEME : Agence de l'Environnement et de la Maîtrise de l'Energie
APTS : Acide para-toluène sulfonique
ATD : Analyse Thermique Différentielle
cat : Catalyseur
CCA : Cuivre, Chrome, Arsenic
CCM: Chromatographie sur Couche Mince
CDM: Carbonate de Diméthyle
COV : Composés Organiques Volatiles
CSHPF: Conseil Supérieur d'Hygiène Publique de France
DCPG3 : Dicarbonate de polycarbonate de glycérol 3
DCPG10 : Dicarbonate de polycarbonate de glycérol 10
éq : Equivalent
FTIR: Absorption Infrarouge par Transformation de Fourier
HAP : Hydrocarbures Aromatiques Polycycliques
H$_2$SO$_4$: Acide sulfurique
IR: Infrarouge
LERMaB: Laboratoire d'Etude et de Recherche sur le Matériau Bois
M: Masse molaire en g.mol^{-1}
Mn : Poids moléculaire moyen en nombre
Mp : Poids moléculaire au pic maximal
Mw : Poids moléculaire moyen en poids
PCP: Pentachlorophénol
PEG : Polyéthylène Glycol
PG3: Polycarbonate de Glycérol
ppm : partie par million
R : Rendement
RMN: Résonance Magnétique Nucléaire
- d : doublet
- m : massif
- t : triplet
- q : quadruplet

SEC : Chomatographie d'Exclusion Stérique
TG : Thermogramme

Sommaire

I. Introduction générale

Les méthodes utilisées jusqu'à présent pour protéger le bois impliquent principalement l'imprégnation de substances biocides à l'intérieur du matériau. Différentes substances actives peuvent être ainsi utilisées pour augmenter la durabilité d'essences peu durables. La mise en place de la directive biocide a conduit à des changements importants pour ce qui concerne l'utilisation des produits de préservation du bois conduisant soit à une utilisation fortement réglementée soit à l'interdiction totale de certains produits comme la créosote ou les formulations multi-sels à base de cuivre, de chrome ou d'arsenic (CCA) utilisés intensivement jusqu'alors. On peut penser que les législations européennes et internationales de plus en plus sévères dans le domaine vont conduire à l'abandon progressif des produits précédents ainsi que d'autres biocides jugés trop toxiques dans un avenir plus ou moins lointain. De même, la loi sur l'air et l'environnement a conduit à une diminution importante des produits en phase organique au profit de produits en phase aqueuse moins génératrice de composés organiques volatils (COV). Il ressort de ces nouvelles législations une volonté de plus en plus affirmée des industriels de développer des traitements plus respectueux de l'environnement impliquant la mise au point d'alternatives dites « non biocides » basées sur la modification chimique du matériau.

Deux stratégies différentes font actuellement l'objet de nombreux travaux de recherche et de développement :
- la première basée sur le traitement thermique consiste à modifier la structure chimique du bois en effectuant une dégradation contrôlée des polymères constitutifs des parois cellulaires permettant d'augmenter sa durabilité et sa stabilité dimensionnelle,
- la seconde consiste à modifier chimiquement la structure du bois suite à l'imprégnation de différents réactifs capables de réagir avec le bois ou de polymériser *in situ*.

Dans ce dernier cas, le choix des réactifs pour modifier la structure chimique du bois joue un rôle déterminant sur les possibilités ultérieures de développement industriel. En effet, les méthodes développées doivent être facilement transposables aux méthodes de traitement existantes et si possible mettre en oeuvre des matières premières d'origine renouvelables pour limiter les rejets de CO_2 liés à l'utilisation de ressources fossiles.

Le développement de plus en plus important du diester comme carburant vert permettant de réduire les émissions de gaz à effet de serre, conduit à la formation de quantités importantes de glycérol pour lesquelles il convient de trouver des applications. Des résultats antérieurs obtenus au laboratoire en collaboration avec *Novance* avaient montré que certains dérivés du glycérol tels que des résines glycérol / glyoxal / acide borique[1] ou du polyglycérol tels que des dérivés vinyliques de ce dernier[2,3,4] étaient capables tout comme les polyéthylène glycols de stabiliser dimensionnellement le bois et de lui conférer une résistance accrue aux microorganismes.

Les travaux entrepris dans le cadre de ce travail s'inscrivent directement dans la continuité des travaux précédents. Ils ont pour objectif la valorisation de carbonates cycliques dérivés du glycérol ou du polyglycérol dans le but de développer de nouvelles méthodes de modifications chimiques du matériau bois basées sur l'utilisation de matières premières d'origine renouvelables. Deux approches différentes ont été envisagées dans ce but :

- la première concerne l'utilisation directe du carbonate de glycérol pour développer des traitements en phase aqueuse suivis, après imprégnation du produit dans le bois, d'une réaction de polymérisation permettant de fixer ce dernier afin d'éviter son lessivage,

- la seconde implique la formation de polyuréthanes dans le bois sans avoir recours à l'utilisation d'isocyanates à partir de di ou de polycarbonates issus de dérivés du glycérol et de diamines.

---

[1] E. Toussaint-Dauvergne, P. Soulounganga, P. Gérardin, B. Loubinoux, (2000). Glycerol/glyoxal : a new boron fixation system for wood preservation and dimensional stabilization. *Holzforschung*, 54, 123-126

[2] C. Roussel, V. Marchetti, A. Lemor, E. Wozniak, B. Loubinoux, P. Gérardin, (2001). Chemical modification of wood by polyglycerol/maleic anhydride treatment. *Holzforschung*, 55, 57-62

[3] P. Soulounganga, C. Marion, F. Huber, P. Gérardin, (2003). Synthesis of polyglycerol methacrylate and its application to wood dimensional stabilization. *Journal of Applied Polymer Science*, Vol. 88, 743-749

[4] P. Soulounganga, B. Loubinoux, E. Wozniak, A. Lemor, P. Gérardin, (2004). Improvement of wood properties by impregnation with polyglycerol methacrylate. *Holz als Roh-und Werkstoff*, 62, 281-285

II. Rappels bibliographiques

II.1. Structure du bois, de l'arbre aux constituants macromoléculaires

Le bois, issu de l'arbre, est un matériau complexe. Il est produit par le biais de la photosynthèse. Les feuilles produisent du glucose grâce à la photosynthèse à partir du CO_2 atmosphérique et de la lumière du soleil. Ce glucose est ensuite transporté jusqu'aux cellules où il sert de source d'énergie et de matière première pour la construction des biopolymères constitutifs des parois végétales.

Les études sur le matériau bois nécessitent donc différents niveaux d'observation en fonction du type de recherche envisagée, soit au niveau macroscopique soit au niveau microscopique ou moléculaire. Une représentation de ces différents niveaux d'observations est schématisée dans la figure 1.

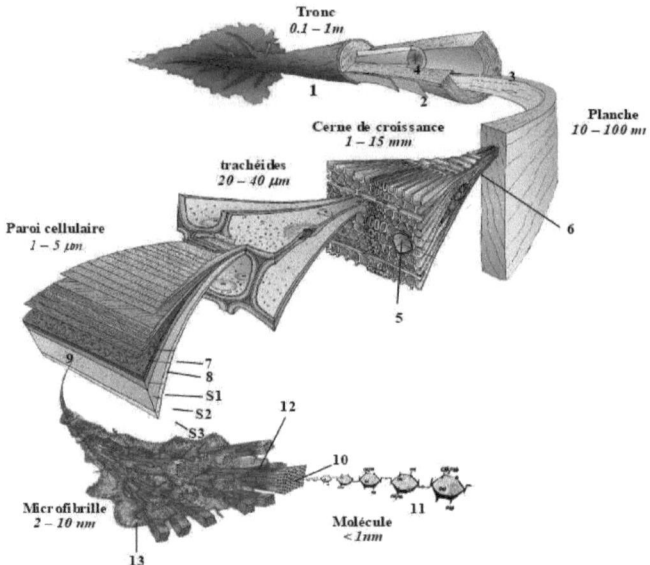

Figure 1. Les différents niveaux d'observation du bois de résineux[5]

Le tronc d'arbre **(1)** croit de manière concentrique et verticale. Des couches de cellules nouvelles sont formées entre l'écorce et le bois déjà existant par division cellulaire du cambium **(2)**. La structure et la composition chimique des cellules ainsi créées vont dépendre

---

[5] M. Harrington, (1996). Softwood structure, http:/www.mech.canterburry.ac.nz/sp

de la saison et des conditions météorologiques, il en résulte que les cellules du bois d'été sont plus sombres, plus dures et ont des parois plus épaisses que les cellules de bois de printemps. Le cerne annuel est constitué par une couche de bois de printemps et une couche de bois d'été. Les cernes les plus jeunes, situés vers l'extérieur du tronc, forment l'aubier **(3)**, c'est dans cette partie où circulent l'eau et la sève. Les cernes les plus anciens sont situés au centre du tronc, constituant le bois de cœur encore appelé duramen. Dans le bois, les trachéides **(5)** sont des cellules responsables de la circulation de la sève. Ces dernières se bouchent et cessent d'alimenter l'arbre après quelques années, ainsi le tissu ligneux présent dans le duramen s'imprègne de différentes substances qui peuvent être toxiques pour les agents biologiques.

La résistance mécanique et la durabilité du cœur **(4)** sont plus élevées que celles de l'aubier. La distribution et l'accumulation des réserves (amidon, graisses…) se font par les rayons **(6)** qui jouent le rôle de conduction de la sève. Même s'il existe des différences entre feuillus et résineux, dans ses grandes lignes la structure du bois reste relativement constante.

Après la division cellulaire, la première couche qui apparaît est la couche intercellulaire ou lamelle moyenne **(7)**. Cette couche soude les cellules les unes aux autres. La paroi primaire **(8)** apparaît dès la fin de la division cellulaire sous forme d'une très fine paroi élastique. Elle est constituée de plusieurs couches de microfibrilles **(10)**, dans lesquelles se déposent de la lignine **(13)**, des substances pectiques et des hémicelluloses **(12)**. Durant, la différenciation de la cellule, apparaît la paroi secondaire **(9)**, mince, épaisse ou très épaisse. Elle est constituée de microfibrilles de cellulose alignées parallèlement entre elles et disposées en hélices, dans trois sous couches différentes S1, S2 et S3. En raison de la structure des microfibrilles et de la forte proportion de cellulose (jusqu'à 94%), la paroi secondaire est relativement dense et rigide. Les couches S1 et S3 assurent la résistance à la compression alors que la résistance à la tension est assurée par la couche S2 (figure 2).

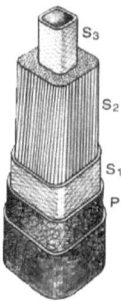

Figure 2. Structure des parois cellulaires du bois

Le bois présente trois directions privilégiées distinctes et perpendiculaires entre elles : la direction longitudinale L dans le sens des fibres, la direction radiale R correspondant à la direction de croissance en diamètre et la direction tangentielle T tangente aux cernes d'accroissement annuels. On distingue donc trois plans : LT correspondant à un débit dit débit sur dosse, le plan LR qui correspond à un débit sur quartier et TR correspondant à une utilisation dite en bois de bout (figure 3).

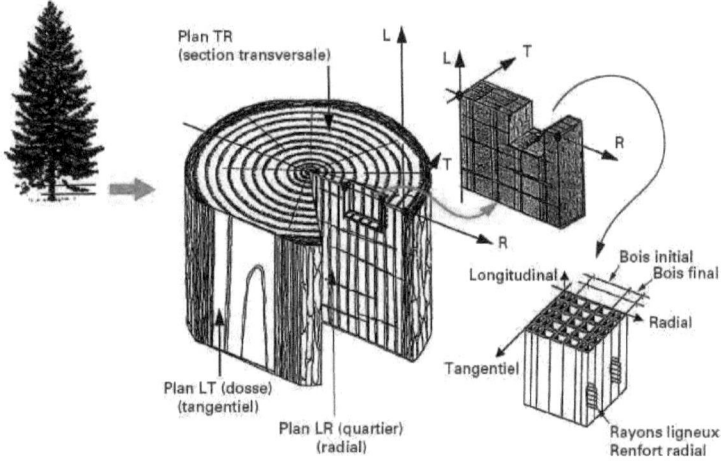

Figure 3. Les trois plans d'observation du bois[6]

II.1.1. Anatomie du bois

L'anatomie du bois est un paramètre important qui conditionne son imprégnabilité lors de traitement de préservation. Selon sa nature, le bois peut être plus ou moins imprégnable, les essences peu durables étant généralement plus imprégnables. Le bois est un matériau qui présente des tissus hétérogènes et organisés. Les deux grands groupes d'arbres (résineux et feuillus) se distinguent très nettement à l'échelle microscopique. La structure du bois des conifères (gymnosperme) est relativement simple et uniforme. Les mêmes cellules, les trachéides orientées verticalement, assurent le double rôle de conduction de la sève et de support mécanique. La structure des bois de feuillus (angiosperme) est beaucoup plus

---

[6] M.C. Triboulot, P. Triboulot, (2001). Matériaux bois-Structure et Caractéristiques Techniques de l'Ingénieur, (925), 1-23

complexe. Le nombre d'éléments constitutifs est plus grand et leur agencement est plus variable. L'examen d'un échantillon de bois révèle une structure fibreuse, constituée de cellules allongées orientées suivant la longueur du tronc (figures 4, 5, 6 et 7). Ces cellules sont constituées de fibres et de vaisseaux chez les feuillus et de trachéides chez les résineux. D'autres types de cellules sont également présentes. Les rayons orientés horizontalement dans la direction radiale sont destinés au stockage et à la distribution des substances nutritives. Les rayons sont présents chez les feuillus et chez les résineux. Chez les feuillus, les vaisseaux sont destinés à la circulation verticale de la sève. Chez les résineux, des canaux secréteurs horizontaux et verticaux sont présents.

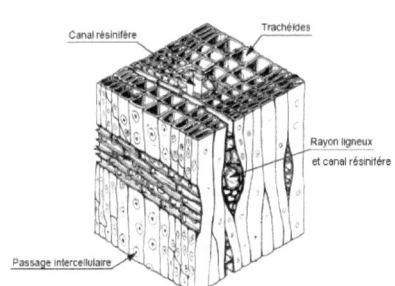

Figure 4. Différents plans ligneux des résineux

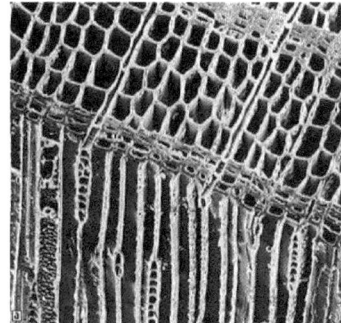

Figure 5. Structure de résineux vue au microscope électronique à balayage

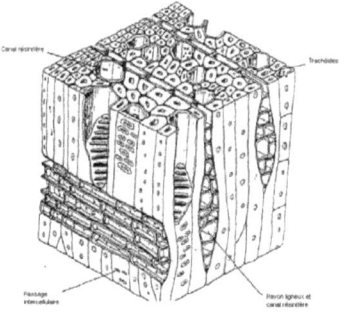

Figure 6. Différents plans ligneux des feuillus

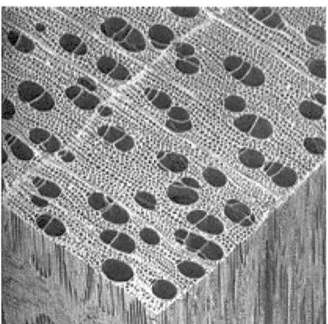

Figure 7. Structure de feuillus vue au microscope électronique à balayage

Il existe également des perforations dans les parois cellulaires permettant la circulation des fluides entre les vaisseaux ou trachéides. La majorité des ponctuations se situe sur les surfaces radiales trachéides avec une plus grande concentration aux extrémités, qui

----

sont en contact avec les cellules adjacentes. Dans le cas des résineux, le nombre de ponctuations par trachéides varie de 50 à 300 dans le bois initial et un peu moins dans le bois final. La majorité du transport de fluides entre trachéides s'effectue dans la direction tangentielle.

II.1.2. Composition chimique du bois

Les principaux constituants du bois sont des substances macromoléculaires telles que la cellulose, les hémicelluloses et la lignine, auxquelles viennent s'ajouter des substances mineures telles que les extractibles (cires, graisse, terpène, composés phénoliques) de nature organique et minérale (principalement potassium, calcium, magnésium et parfois de la silice)[7]. Le matériau bois est souvent défini comme un composite naturel, rugueux, microporeux et hygroscopique échangeant très facilement de l'eau avec le milieu extérieur. La séparation et la caractérisation des différents constituants du bois sont difficiles, du fait de leur étroite association au sein des parois cellulaires. Bien que relativement proche, la composition chimique des bois de conifères et des bois de feuillus est légèrement différente (Tableau 1).

Tableau 1 : Répartition moyenne en pourcentage des différents constituants des bois de feuillus et de résineux de la zone tempérée[8]

Type du bois	Constituants (%)			
	Cellulose	Hémicelluloses	Lignine	Extractibles
Résineux	42 ± 2	27 ± 2	28 ± 3	3 ± 2
Feuillus	45 ± 2	30 ± 5	20 ± 4	5 ± 4

La quantité de cellulose est pratiquement du même ordre de grandeurs entre feuillus et résineux. Toutefois, il est important de noter que ces valeurs sont des valeurs approximatives qui donnent un ordre de grandeur des différents constituants du bois, mais dans aucune mesure des valeurs définitives ou absolues.

---

[7] M.C. Trouy-Triboulot, P. Triboulot, (2001). Matériaux bois - Durabilité. Finition, Techniques de l'Ingénieur, (926), 1-14

[8] E. Sjostrom, (1993). Wood Chemistry - Fundamentals and Applications. *2. Ed., 51-108. San Diego, USA, Academic Press*

II.1.2.1. La cellulose

C'est un polymère régulier de formule $(C_6H_{10}O_5)_n$, constitué par un enchaînement d'unités glucose reliées entre elles par des liaisons glycosidiques du type β-1,4 présentant un degré de polymérisation (DP) de l'ordre de 5000. Chaque unité est liée au carbone en C4 de la suivante par une jonction β comme dans le disaccharide cellobiose, qui forme l'unité répétitive de la cellulose[9] (figure 8).

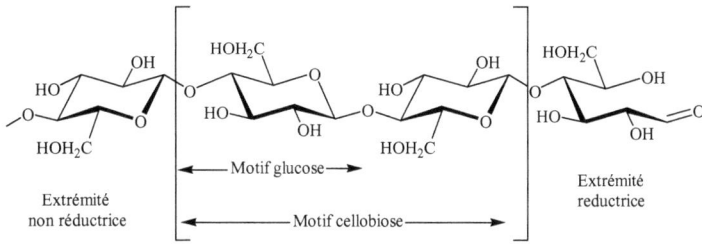

Figure 8. La structure de la cellulose

Dans le bois, les longues chaînes de cellulose ont tendance à développer des liaisons hydrogène intra et intermoléculaires formant ainsi des microfibrilles (figure 9). Ces liaisons conduisent à la formation de zones fortement ordonnées correspondant à la cellulose cristalline et de zones moins ordonnées correspondant à la cellulose amorphe.

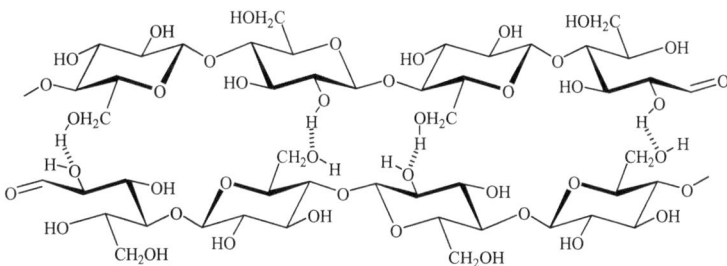

Figure 9. Liaisons hydrogène entre deux chaînes de cellulose

Les microfibrilles de cellulose forment un système élastique présentant une bonne résistance mécanique, chimique et thermique. La cellulose est responsable de l'essentiel des propriétés mécaniques du bois.

---

[9] Heinze, Thomas Editor (2005). Polysaccharides I: Structure, Characterization and Use. Advances in Polymer Science, 186-281

II.1.2.2. Les hémicelluloses

Comme la cellulose, les hémicelluloses sont des polysaccharides, mais elles sont composées de différentes unités de sucre présentant un arrangement moins ordonné. Le degré de polymérisation des hémicelluloses est beaucoup plus bas que celui de la cellulose. Selon le type d'hémicelluloses, les DP peuvent être compris entre 50 et 500. Elles diffèrent de la cellulose par le fait que certains de leurs groupements hydroxyle sont naturellement acétylés et que des groupements acides carboxyliques peuvent être présents.

La nature des sucres constitutifs des hémicelluloses dépend de la famille de bois considérée (résineux ou feuillu). Elles sont composées de différents sucres incluant des hexoses tels que le glucose, le galactose et le mannose, des pentoses tels que le xylose et l'arabinose et des acides uroniques[10] (figure 10).

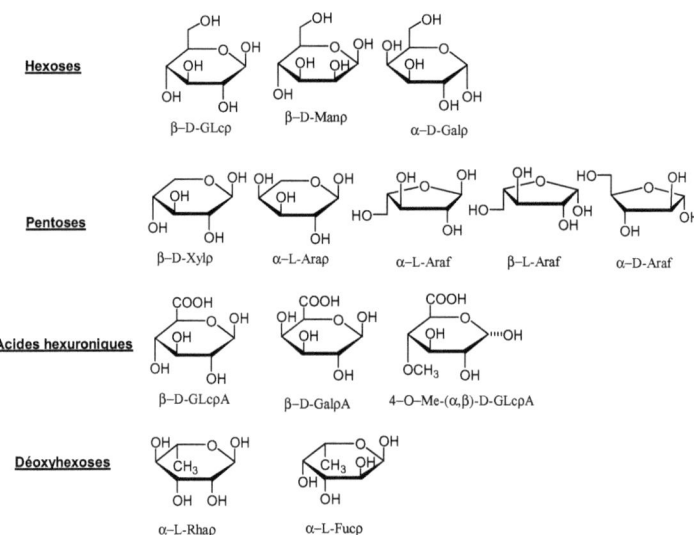

Figure 10. Oses simples composant les hémicelluloses

Elles réagissent donc assez facilement et sont thermiquement beaucoup moins stables que la cellulose et la lignine. Les hémicelluloses jouent le rôle d'agent de couplage entre la cellulose polaire et la lignine beaucoup moins polaire[11]. Les hémicelluloses forment des liaisons hydrogène avec la surface des microfibrilles et des liaisons covalentes avec la

---

[10] D. Fengel, G. Wegener, (1984). Wood: Chemistry, Ultrastructure, Reactions. De Gruyter, Berlin
[11] C.A.S. Hill, (2006). Wood modification: chemical, thermal and other processes. John Wiley & sons

9

matrice de la lignine. La proportion d'hémicelluloses est généralement plus élevée dans les feuillus que dans les résineux avec une plus grande proportion de pentoses et un plus haut degré d'acétylation. La dégradation des hémicelluloses rend le bois fragile et rigide. Les hémicelluloses ont donc un rôle très important dans les propriétés viscoélastiques du bois.

II.1.2.3. La lignine

La lignine est un polymère phénolique amorphe d'un poids moléculaire indéterminé, et dont la structure varie selon la famille de bois et les éléments morphologiques (fibres, rayons, vaisseaux). Contrairement à la cellulose et aux hémicelluloses, la lignine n'appartient pas à la famille des polysaccharides. Elle est constituée d'unités phénylpropane reliées entre elles de façon aléatoire. Nous présentons ci-dessous la structure de ces unités phénylpropane constitutives de la lignine (figure 11).

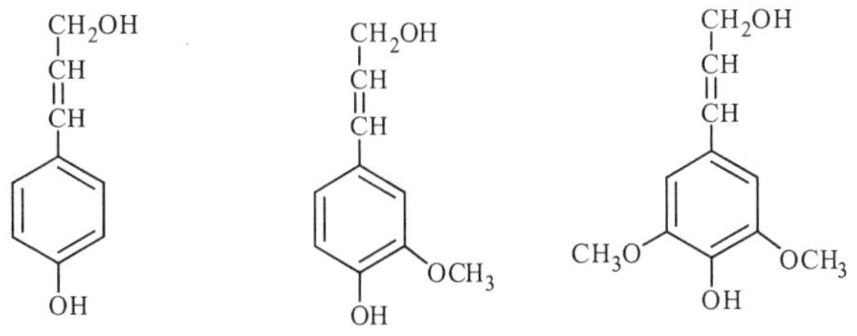

Alcool p-coumarylique   Alcool coniférylique   Alcool synapylique

Figure 11. Alcools précurseurs de la lignine

D'un point de vue morphologique, la lignine est une structure amorphe (figure 12), qui est incorporée dans les parois à la fin du développement cellulaire. Le degré d'enchevêtrement élevé de la lignine contribue fortement à la rigidité des matériaux lignocellulosiques.

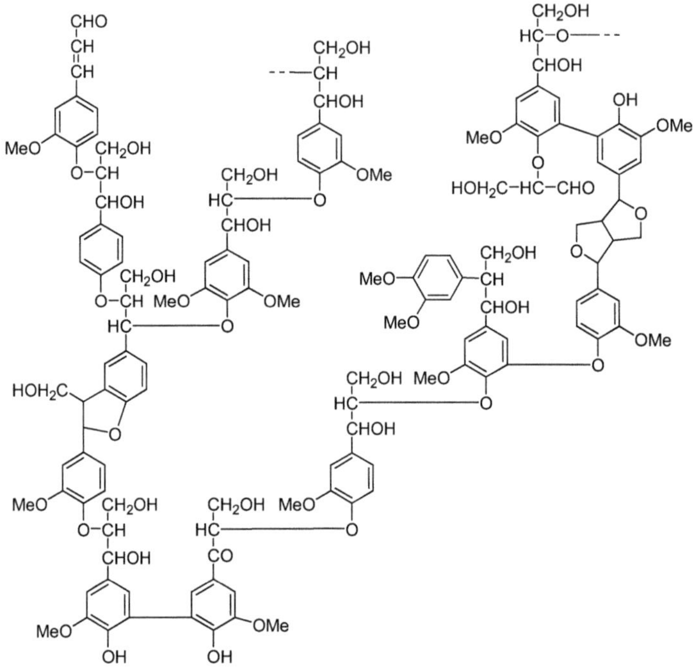

Figure 12. Structure de la lignine d'épicéa d'après Alder

La présence de nombreuses fonctions hydroxyle (phénoliques ou non) explique la grande réactivité de la lignine. Cependant, leur accessibilité est limitée par la structure tridimensionnelle du réseau moléculaire, mais aussi par la distribution de ce polymère parmi les autres constituants de la paroi cellulaire avec lesquels la lignine établit de nombreuses interactions moléculaires par le biais de liaisons de faible énergie telles que des liaisons hydrogène. La lignine peut également être liée aux hémicelluloses par l'intermédiaire de liaisons covalentes (figure 13).

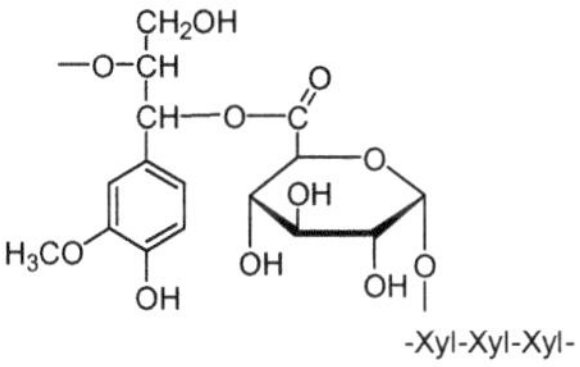

Liaisons de type ester benzylique 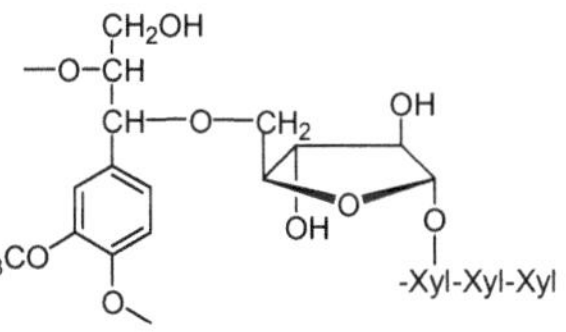 Liaisons de type éther benzylique

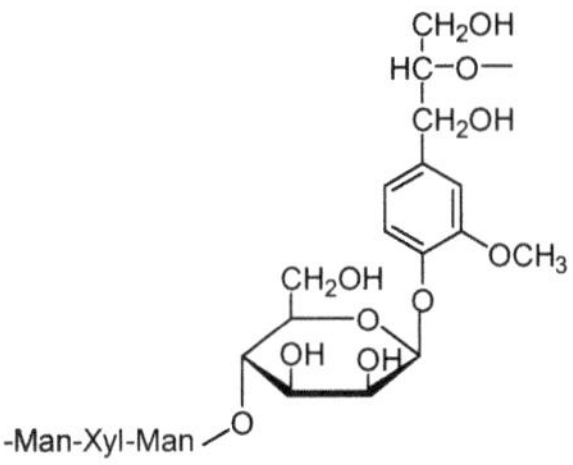

Liaisons de type phénylglycosidique

Figure 13. Différents types de liaisons entre la lignine et les hémicelluloses

II.1.2.4. Les extractibles

Selon les essences, le bois peut contenir 0,5% à 15% en masse d'extractibles. Il s'agit d'espèces chimiques très diverses, extractibles avec des solvants polaires et apolaires. On y trouve des acides gras saturés ou non sous forme libre ou de glycérides. On y trouve également des terpènes, des phénols simples, des lignanes, des flavonoïdes ou encore des tannins. Leur présence peut se révéler problématique en causant par exemple, des allergies chez les utilisateurs, des colorations du bois non désirées ou encore en perturbant les imprégnations dans le matériau[12,13].

II.2. Inconvénients du bois en tant que matériau

Le bois est utilisé depuis fort longtemps dans de nombreuses applications. Malgré ses avantages techniques (grande résistance à la traction, module élastique élevé, faible densité, propriétés isolantes, caractère renouvelable, faible coût, esthétisme), il peut subir des agressions biotiques et abiotiques lorsqu'il est utilisé en extérieur. Les polymères

---

[12] K.M. Bhat, P.K. Thulasidas, E.J. Maria Florence, K. Jayaraman, (2005). Wood durability of home-garden teak against brown-rot and white-rot fungi. *Trees, 19, 654 - 660*
[13] P.K. Thulasidas, K.M. Bhat, (2007). Chemical extractive compounds determining the brown-rot decay resistance of teak wood. *Holz als Roh- und Werkstoff, 65 (2), 121-124*

lignocellulosiques étant responsables de la plupart des propriétés physiques et chimiques du bois, leur dégradation entraîne une altération de ses propriétés.

Employé comme matériau de construction, le bois peut être dégradé par des organismes tels que les champignons et les insectes. Les champignons sont les principaux responsables de la dégradation du bois et ne peuvent se développer que lorsque le taux d'humidité dans le bois est inférieur à 22%. Parmi ces champignons, nous pouvons citer les pourritures blanches, brunes et molles qui ne peuvent pas synthétiser la matière organique à partir du CO_2 de l'air. Ils doivent donc puiser dans le milieu ambiant l'eau, l'énergie et les substances organiques et minéraux nécessaires à la synthèse de leur propre matière. Durant la dégradation du bois, les champignons vont utiliser différents systèmes, enzymatiques ou non, pour assimiler et minéraliser ses principaux constituants. En fonction du type de champignon impliqué dans la dégradation, tous les constituants chimiques du bois ne sont pas dégradés de manière équivalente. Ainsi, certains champignons appartenant essentiellement aux agents de pourriture blanche, seront capables de dégrader tous les constituants du bois. D'autres, comme les agents de pourriture brune ou de pourriture molle, s'attaqueront aux polysaccharides et dans une moindre mesure à la lignine. Il existe également des champignons qui n'altèrent pas les propriétés mécaniques du bois, comme les champignons de bleuissement et les moisissures. Ceux-ci se nourrissent uniquement des réserves contenues dans les cellules du bois mais entraînent une modification de sa coloration.

La dégradation du bois par les champignons est liée à leur activité enzymatique. Les mécanismes de dégradation du bois sont complexes et encore mal élucidés[14]. Les enzymes dégradent les constituants non solubles du bois en composés solubles. Elles ont un rôle de biocatalyseur en accélérant les réactions de dégradation. Ce sont par exemple des oxydoréductases qui vont avoir des effets réducteurs ou oxydants sur les groupements hydroxyle ou carbonyle, ou des hydrolases qui vont causer la scission de la chaîne par rupture de certaines liaisons.

II.3. Préservation du bois

II.3.1. Les différentes classes d'usage et les risques encourus

En fonction des situations en service et agents de dégradation auxquels le bois peut être exposé, on définit différentes classes d'emploi. Ces classes sont au nombre de 5 et sont définies dans la norme NF EN 335-2 intitulée « Durabilité du Bois et des Matériaux dérivés

---

[14] F. Green III, T.L Highley, (1997). Mechanism of Brown-Rot Decay: Paradigm or Paradox. *International Biodeterioration and Biodegradation, 39 (2-3) 113-124*

du Bois - Définition des classes d'emploi ». Elles prennent en compte aussi bien les risques d'attaque par les champignons que par les insectes. Les normes établissent un classement noté de 1 à 5, correspondant à des risques de biodégradation de plus en plus élevés. Les deux premières classes concernent les bois intérieurs, les trois classes suivantes les bois extérieurs. Ainsi, un bois placé en extérieur, au contact du sol et soumis à l'humidité doit au moins être de classe 4. Plus le numéro de la classe d'emploi est grand, plus le risque est élevé. Grâce au tableau 2 ci-dessous, il est possible de choisir la classe adaptée pour un projet donné.

     La nature des produits utilisés dépend également des risques encourus. L'utilisation de produits fongicide, insecticide ou termicide sera envisagée en fonction de chaque type de situation. La fixation et la résistance du produit au lessivage seront également des paramètres importants à prendre en compte. Avant d'envisager un traitement, il est donc utile de déterminer la nature précise des risques auxquels le bois va être exposé afin de sélectionner le produit de préservation adéquat et le procédé de traitement adapté.

Tableau 2. Classification européenne des classes d'emploi du bois en service (EN335-2)

Classe d'emploi	Situation générale En service	Description de l'exposition à l'humidification en service	Agent biologique	
1	A l'intérieur, sous abri	sec	Coléoptères foreurs du bois	En cas de présence possible de termites cette classe est désignée **1T**
2	A l'intérieur, sous abri	occasionnellement humide	Comme ci-dessus + champignons de discoloration + champignons de pourriture	En cas de présence possible de termites cette classe est désignée **2T**
3	3.1 à l'extérieur, au dessus du sol, protégé	Occasionnellement humide		En cas de présence possible de termites cette classe est désignée **3.1T** ou **3.2T**
	3.1 à l'extérieur, au dessus du sol, non protégé	Fréquemment humide		
4	4.1 à l'extérieur, en contacte avec le sol et/ou l'eau douce	A prédominance ou en permanence humide	Comme ci-dessus - champignons de pourriture molle	En cas de présence possible de termites cette classe est désignée **4.1T** ou **4.2T**
	4.2 à l'extérieur, en contacte avec le sol (sévère) et/ou l'eau douce	Humide en permanence		
5	Dans l'eau salée	Humide en permanence	Champignons de pourriture Champignons de pourriture molle Térébrants marins	**A** térédinidés Limnoria
				B comme en A + limnoria tolérant à la créosote
				C comme en B + pholades

Les essences de bois peuvent être utilisées sans traitement, purgées de leur aubier si elles possèdent une durabilité naturelle suffisante face aux attaques biologiques ou en appliquant un traitement de préservation adapté.

II.3.2. Les différents produits utilisés

Actuellement, on distingue quatre catégories de produits chimiques de préservation du bois :

- Les produits huileux comme la créosote : ce sont des produits obtenus par distillation de goudron de houille, constitués principalement de composés aromatiques polycycliques contenant également des substances phénoliques et azotés. Ces produits sont utilisés pour traiter les bois exposés aux intempéries en contact avec le sol ou immergés en eau de mer (classes 4 et 5) : poteaux, traverses de chemin de fer, etc... Du fait de leur toxicité, ces produits sont de moins en moins utilisés et leur utilisation fortement réglementée.

- Les produits en solution organique sont principalement constitués de matières actives organiques diluées dans un solvant pétrolier comme le white spirit ou le kérosène. Les produits les plus utilisés ont été pendant longtemps des produits de la famille des organochlorés comme le pentachlorophénol (PCP) pour lutter contre les champignons ou le lindane utilisé comme insecticide. Du fait de leur toxicité aiguë et de leurs propriétés cancérogènes, ces produits ont été abandonnés au profit de molécules issues de l'agrochimie, moins toxiques pour l'homme et l'environnement. Les principales familles de composés utilisés actuellement sont des ammoniums quaternaires (chlorure de didécyldimethyl ammonium ou DDAC), des triazoles (propiconazole, azaconazole, tébuconazole...), des carbamates (IPBC), des pyréthroïdes (cyperméthrine, perméthrine) ou des complexes organométalliques (oxine de cuivre, citrate de cuivre...).

- Les produits hydrodispersables : ce sont des émulsions ou microémulsions des matières actives organiques précédentes solubilisées en phase aqueuse à l'aide de co-solvants (éthers de glycol) et de tensioactifs. Ils remplacent progressivement les produits en solution organique décrits précédemment de manière à éviter les rejets de composés organiques volatils dans l'atmosphère.

- Les produits hydrosolubles contiennent des sels ou des oxydes minéraux. Les plus connus sont les formulations multi-sels à base de cuivre, de chrome, et d'arsenic (CCA). Dans certains cas, l'arsenic peut être remplacé par le bore (CCB). Jusqu'à il y a quelques années, 95% des bois utilisés en France en extérieur pour les clôtures, les aires de jeux sont traités CCA. Le Conseil Supérieur d'Hygiène Publique de France (CSHPF) préconise depuis juin

----

2000 de ne plus utiliser de bois traité CCA pour la fabrication des aires de jeux car ces sels contiennent comme matières actives du chrome et surtout de l'arsenic. Ces derniers peuvent être délavés. Aussi sont ils actuellement remplacés par des produits à base de cuivre et de différents biocides organiques (azole, ammonium quaternaire). Une autre famille de composés hydrosolubles concerne les dérivés du bore utilisés sous forme d'oxydes tels que le Borax ou le Timbor. Ces produits présentent des propriétés fongicides et insecticides intéressantes, mais leur inconvénient est le fait d'être facilement lessivés du bois après imprégnation limitant ainsi leur champ d'application.

Même si l'utilisation des produits de préservation du bois est relativement bien réglementée et pose peu de problèmes lors de l'utilisation de bois traités, il n'en persiste pas moins que, comme pour tout produit biocide, des risques pour l'environnement et la santé peuvent subsister. En effet, lorsque les produits ne sont pas encore fixés, le lessivage par la pluie peut conduire à de sévères pollutions des sols sur les sites de traitement. Un autre problème intervient en fin de vie du matériau, où certains bois adjuvantés peuvent être difficiles à recycler. Les bois traités avec les CCA et la créosote sont classés en déchets dangereux.

II.4. Nouvelles alternatives de préservation du bois

Dans le souci de diminuer les risques liés à l'utilisation de produits biocides dangereux et de développer l'utilisation de substances moins nocives, la directive biocide mise en place en 1998 en Europe a entraîné une remise en question des produits de préservation utilisés jusqu'à présent. La réglementation, voire l'élimination à terme des produits jugés trop toxiques, conduit à un regain d'intérêt pour le développement de nouvelles alternatives de protection du bois prenant en compte l'environnement. C'est ainsi que l'on a assisté au cours des dernières années au développement de méthodes dites « non biocides » impliquant une modification de la structure chimique du bois utilisant soit des traitements chimiques[15,16,17], soit des traitements thermiques[18,19].

---

[15] B. Stefke, B. Hinterstoisser, (2002). Modified Wood Properties and Markets, Holzwirtschaft an der Universität für Bodenkultur. *Acetylierung von Holz. In Lignovisionen: Modifiziertes Holz Eigenschaften und Märkte, 25-55. ISSN 1681-2808*

[16] S. Lande, M.H. Schneider, M. Westin, J. Philipps, (2006). Furfurylated Wood – An alternative to Preservative-treated Wood. *IRG/WP 06-40349*

[17] Hill, Callum, (2006). Chemical Modification of Wood (I): Acetic Anhydride Modification. Wiley serie in Renewable Resources. *ISB NO-470-02172-1. 99-126. 45-76*

[18] R. Stingl, M. Patzelt, A. Teischinger, R. Ein-und, (2002). in ausgewählte Verfahren der thermischen Modifikation dans Modifiziertes *Holz Eigenschaften und Märkte, 57-100*

[19] H. Militz, (2002). Thermal treatment of wood European process and their background. International Research Group on Wood Preservation. *Document n° IRG/WP 02-40241*

Dans tous les cas, l'augmentation de durabilité des matériaux obtenus est en grande partie liée aux nouvelles propriétés conférées au matériau suite à ces traitements et ne repose pas sur l'utilisation de produits biocides. Cela constitue un avantage important pour le développement de ces méthodes.

II.4.1. Traitement thermique

Dans les années 70, des chercheurs de l'Ecole des Mines de Saint-Étienne, qui travaillaient alors sur la valorisation énergétique de la biomasse, observent que le bois traité thermiquement devient plus stable dimensionnellement, moins hygroscopique et plus résistant aux attaques fongiques. Le produit ainsi obtenu est commercialisé sous le nom de bois rétifié. D'autres travaux de recherches menés en Finlande conduisent peu après au développement du procédé Thermowood. Parallèlement d'autres technologies émergent au Pays Bas avec le procédé PLATO ou le procédé OHT de Menz Holz en Allemagne[20]. Depuis de nombreux procédés se sont développés en Europe et au Canada, avec comme point commun une amélioration des propriétés du matériau permettant d'augmenter la durabilité d'essences peu durables pouvant alors être utilisées pour des applications en classe 3. Même si ces différents procédés diffèrent par la nature des conditions inertes mises en œuvre pour chauffer le bois (vapeur d'eau, azote, huile...), tous ont en commun de conduire à une modification des constituants pariétaux du bois étant en grande partie à l'origine de l'augmentation de durabilité du bois[21,22,23,24,25,26,27]. Ces modifications se traduisent par une forte dégradation des hémicelluloses conduisant à des produits de dégradation capables de se recondenser en partie dans le bois. Dans le même temps la lignine subit également différentes réactions de dégradation principalement au niveau des liaisons présentes sur la chaine

[20] R. Stingl, M. Patzelt, A. Teischinger, R. Ein-und, (2002). In ausgewählte Verfahren der thermischen Modifikation dans Modifiziertes. *Holz Eigenschaften und Märkte. 57-100*

[21] M. Hakkou, M. Pétrissans, P. Gérardin and A. Zoulalian, (2005). Investigation of the reasons for fungal durability of heat-treated beech wood. *Polymer Degradation and Stability, 91 (2), 393-397*

[22] R. Alén, R. Kotilainen and A. Zaman, (2002). Thermochemical behaviour of Norway spruce (*Picea abies*) at 180-225°C. *Wood Science and Technology, 36, 163-171*

[23] B.F. Tjeerdsma, M. Boonstra, A. Pizzi, P. Tekely and H. Militz, (1998). Characterisation of the thermally modified wood: molecular reasons for wood performance improvement. *Holz roh-werkstoff, 56, 149-153*

[24] B.F. Tjeerdsma., M. Stevens and H. Militz, (2000). Durability aspects of (hydro) thermal treated wood. International Research Group on Wood Preservation. *Document n° IRG/WP 00-40160*

[25] J.J. Weiland and R. Guyonnet, (2003). Study of chemical modifications and fungi degradations of thermally modified wood using DRIFT spectroscopy. *Holz als Roh und werstoff, 61, 216-220*

[26] C.R. Welzbacher, C. Brischke and A.O. Rapp, (2007). Influence of treatment temperature and duration on selected biological, mechanical, physical and optical properties of thermally modified timber. *Wood Material Science and Engineering, 2 (2), 66-76*

[27] R. Rowell, R.E. Ibach, M. James, N. Thomas, (2009) .Understanding decay resistance, dimensional stability and strength changes in heat-treated and acetylated wood. *Wood Material Science and Engineering, 4, Issue 1-2, 14-22*

propane des unités arylpropane impliquant des réactions de dépolymérisation et de re-condensation.

Malgré quelques inconvénients comme l'affaiblissement des propriétés mécaniques[28], le bois traité thermiquement connaît à l'heure actuelle un essor important du fait de son faible impact environnemental et du transfert relativement aisé du procédé de traitement à l'échelle industrielle, même s'il existe encore certaines difficultés pour maîtriser totalement ces procédés.

II.4.2. Traitements chimiques

Les méthodes de traitement chimique impliquent, contrairement au traitement thermique qui ne fait appel qu'à la chaleur, l'utilisation de réactifs chimiques. Ces réactifs peuvent alors soit réagir avec les constituants des parois cellulaires en formant des liaisons covalentes, soit polymériser à l'intérieur du bois pour former un composite bois polymère.

II.4.2.1. Réaction avec les constituants pariétaux

De nombreuses méthodes impliquant l'utilisation d'anhydrides, d'isocyanates ou d'autres réactifs ont été décrites dans la littérature[29,30]. Malgré un nombre considérable de publications décrivant la réactivité de différents réactifs avec les groupements hydroxyle présents sur les hémicelluloses, la cellulose et la lignine du bois permettant d'augmenter ainsi la durabilité et la stabilité dimensionnelle du bois, peu de travaux ont fait l'objet de développement à l'échelle industrielle.

La seule réaction qui connaît à ce jour un développement à l'échelle industrielle est la réaction d'acétylation du bois avec l'anhydride acétique conduisant à un produit commercialisé sous le nom de Titan Wood [31, 32].

$$Bois\text{-}OH + (CH_3CO)_2O \longrightarrow Bois\text{-}OCOCH_3 + CH_3COOH$$

Figure 14. Acétylation du bois

[28] J.A. Santos, (2000). Mechanical behaviour of eucalyptus wood modified by heat. *Wood Science and Technology, 34, 39-43*

[29] R.M. Rowell, (2005). Chemical Modification of wood in Handbook of wood chemistry and wood composites, *Taylor and Francis, 381-420*

[30] C. Hill, (2005). Chemical Modification of wood (II): reaction with other chemicals in Wood Modification – Chemical, thermal and other processes, *John Wiley & Sons, 77-97*

[31] C. Hill, (2005). Commercialization of Wood modification in Wood Modification – Chemical, thermal and other processes, *John Wiley & Sons, 177-190*

[32] M. Morard, C. Vaca-Garcia, M. Stevens, J. Van Acker, O. Pignolet, E. Borredon (2007). Durability improvement of wood by treatment with Methyl Alkenoate Succinic Anhydrides (M-ASA) of vegetable origin, *International Biodeterioration & Biodegradation, 59 103–110*

Les raisons des difficultés à transposer ce type de méthodes à l'échelle industrielle sont multiples : outre le coût des réactifs et l'utilisation de solvants pour imprégner les réactifs, ces méthodes impliquent souvent la formation de sous produits dans le bois qui sont difficilement éliminables en fin de réaction, occasionnant des problèmes lors de l'utilisation ultérieure du matériau. Ainsi, cela explique en partie les difficultés rencontrées avec la technologie Wood Protect de Lapeyre impliquant des esters mixtes formés à l'aide d'acides gras et d'anhydride acétique[33]. Dans ce contexte, l'anhydride acétique qui ne génère comme sous-produits que de l'acide acétique, possède un avantage déterminant quant à l'élimination des sous produits de la réaction étant en partie à l'origine du développement industriel du bois acétylé.

D'autres technologies basées sur l'utilisation d'anhydrides cyclique dérivés d'huiles végétales tels que l'ASAM ou l'ASAB font également l'objet de nombreux travaux actuellement avec pour objectif de développer des traitements impliquant l'utilisation de produits d'origine végétale[34].

II.4.2.2. Formation de composite bois/polymère

Une autre méthode permettant de modifier la structure chimique du bois consiste à imprégner dans ce dernier des monomères ou des résines capables de polymériser *in situ* pour former un composite bois polymère.

Différents monomères acryliques, tels que le méthacrylate de méthyle, l'hexanediol diacrylate, hydroxyethyl méthacrylate ou le méthacrylate de polyglycérol ont été imprégnés dans le bois et polymérisés[35,36,37,38,39]. Les composites ainsi obtenus présentent des propriétés nouvelles telles qu'une augmentation de la dureté, une plus grande stabilité dimensionnelle et dans certains cas une amélioration de la résistance aux champignons.

---

[33] J. Peydecastaing, C. Vaca-Garcia, E. Borredon1, S. El Kasmi, (2009). Hydrophobicity of Mixed Acetic-Fatty Wood Esters, European Conference on Wood Modification
[34] C. Vaca-Garcia, O. Pignolet, I. Rekarte, O. Munné, E. Borredon, (2009). Wood Chemical Modification with Alkenyl Succinic Anhydrides Bearing an Ester Group. European Conference on *Wood Modification 133-138*
[35] M.R. Cleland, R.A. Galloway, A.J. Berejka, D. Montoney, M. Driscoll, L. Smith, L. Scott Larsen, (2009). X-ray initiated polymerization of wood impregnants. *Radiation Physics and Chemistry, 78, 535-538*
[36] W. Dale Ellis, J.L. O'Dell, (1999). Wood-Polymer Composites Made with Acrylic Monomers, Isocyanate, and Maleic Anhydride. *Journal of Applied Polymer Science, 73, 2493-2505*
[37] W. Dale Ellis, (2000). Wood-polymer composites: Review of processes and properties. Molecular Crystals and Liquid Crystals Science and Technology, Section A: *Molecular Crystals and Liquid Crystals, 353, 75-84*
[38] P. Soulounganga, C. Marion, F. Huber, P. Gérardin, (2003). Synthesis of Polyglycerol Methacrylate and its Application to Wood Dimensional Stabilization. *Journal of Applied Polymer Science, Vol. 88, 743-749*
[39] P. Soulounganga, B. Loubinoux, E. Wozniak, A. Lemor, P. Gérardin, (2004). Improvement of wood properties by impregnation with polyglycerol methacrylate. *Holz als Roh-und Werkstoff, 62, 281-285*

Un des points importants pour obtenir un traitement permettant d'augmenter la durabilité vis à vis des microorganismes réside dans la pénétration du polymère à l'intérieur des parois cellulaires nécessitant l'emploi de monomères en phase aqueuse ou dans des solvant polaires capables de faire gonfler les parois cellulaires permettant ainsi la pénétration du monomère [40].

D'autres traitements de densification impliquent l'utilisation de résines telles que des résines polyesters, polyuréthanes, phénol-formaldéhyde, mélamine-urée-formaldéhyde ou encore de monomères polymérisables d'origine végétale comme le furfural obtenu comme sous produit à partir de sous-produits agricoles qui fait l'objet de développement à l'échelle industrielle depuis quelques années[41,42]. Dans ce contexte, différents travaux de modification chimique du bois ont également été développés au laboratoire utilisant différents dérivés du glycérol ou l'acide lactique[43,44,45,46,47,48].

II.4.2.3. Verrous scientifiques et technologiques et solutions

A la vue des résultats de la littérature, il apparaît clairement que les principaux verrous au développement de méthodes de modification chimique du bois sont plus technologiques que scientifiques. En effet, il existe de nombreuses méthodes pour modifier la structure chimique et améliorer sa stabilité dimensionnelle et sa durabilité, mais bon nombre d'entre elles se heurtent à des problèmes de transposition à l'échelle industrielle. Ces problèmes sont liés soit à l'utilisation de solvants anhydres, soit à la formation de sous produits non fixés dans le bois ou encore à l'instabilité des réactifs posant des problèmes de recyclage, comme notamment dans le cas de monomères vinyliques.

---

[40] R.M. Rowell, (2005). Lumen Modification in Handbook of wood chemistry and wood composites, *Taylor and Francis, 421-446*

[41] H. Militz, S. Lande, (2009). Challenges in wood modification technology on the way to practical applications. *Wood Material Science and Engineering, 4, 23-29*

[42] S. Lande, M. Westin, M. Schneider, (2008). Development of modified wood products based on furan chemistry. *Molecular Crystals and Liquid Crystals. Vol 484, 1/[367]-12/[378]*

[43] E. Toussaint-Dauvergne, P. Soulounganga, P. Gérardin, Loubinoux, (2000). Glycerol/glyoxal : a new boron fixation system for wood preservation and dimensional stabilization. *Holzforschung, 54, 123-126.*

[44] C. Roussel, V. Marchetti, A. Lemor, E. Wozniak B. Loubinoux, P. Gérardin, (2001). Synthesis of Polyglycerol Methacrylate and its Application to Wood Dimensional Stabilization. *Holzforschung, 55, 57-62*

[45] P. Soulounganga, C. Marion, F. Huber, P. Gérardin, (2003). Synthesis of Polyglycerol Methacrylate and its Application to Wood Dimensional Stabilization. *Journal of Applied Polymer Science, 88, 743-749*

[46] P. Soulounganga, B. Loubinoux, E. Wozniak, A. Lemor, P. Gérardin, (2004). Improvement of wood properties by impregnation with polyglycerol methacrylate. *Holz als Roh-und Werkstoff, 62, 281-285, 2004*

[47] M. Noël, E. Fredon, E. Mougel, D. Masson, E. Masson, L. Delmotte, (2009). Lactic acid/wood-based composite material. Part 1: Synthesis and characterization. *Bioresource Technology, 100 (20), 4711-4716*

[48] M. Noël, E. Mougel, E. Fredon, D. Masson, E. Masson, (2009). Lactic acid/wood-based composite material. Part 2: Physical and mechanical performance. *Bioresource Technology, 100 (20), 4717-4722*

L'utilisation des produits hydrosolubles dérivés du glycérol capables de diffuser dans les parois cellulaires du bois et de maintenir ce dernier dans un état de gonflement permanent constitue donc une piste intéressante de recherche pour développer de nouveaux traitements non biocides. De façon similaire à ce qui est rapporté pour les polyéthylène glycols[49,50] (figure 15), les dérivés du glycérol peuvent former des liaisons hydrogène avec les constituants pariétaux du bois permettant de limiter les phénomènes de gonflement et de retrait.

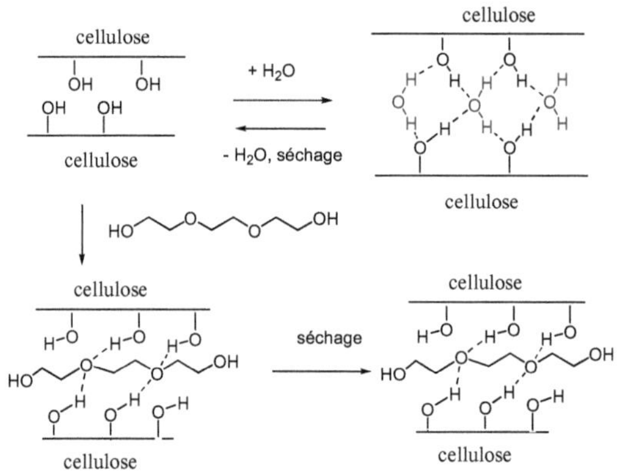

Figure 15. Traitement du bois par le PEG

De plus l'utilisation de produits issus de la biomasse tel que le carbonate de glycérol permet de limiter l'utilisation de ressources fossiles.

II.5. État de l'art des connaissances sur le carbonate de glycérol

II.5.1. Origine possibles du carbonate de glycérol

Différentes voies de synthèse du carbonate de glycérol sont décrites dans la littérature. Selon la nature du réactif donneur du carbonate, on distingue plusieurs méthodes d'hétérocyclisation du glycérol en carbonate de glycérol : la transcarbonatation catalytique du glycérol par les carbonates organiques, la carbonatation directe par l'anhydride carbonique et la carbonylation catalytique du glycérol par l'urée.

---

[49] A.J. Stamm, (1965). Factors affecting bulking and dimensional stabilisation of wood with polyethylene glycols. *Forest Prod. J, 14 (10), 403-408*
[50] P. Hoffman, (1999). On the stabilization of water logged oakwood in polyethylenglycol. Testing the oligomers, 42 (5), 289-294

II.5.1.1. Transcarbonatation du glycérol par les carbonates organiques

Le carbonate de glycérol est synthétisé par transcarbonatation du glycérol avec l'assistance de carbonate d'éthylène[51] ou le carbonate de diméthyle[52] (CDM) utilisés comme source de carbonates. La réaction avec le carbonate d'éthylène a été, en particulier, réalisée en présence de la résine Amberlyst A26-HCO$_3^-$, fortement basique (figure 16).

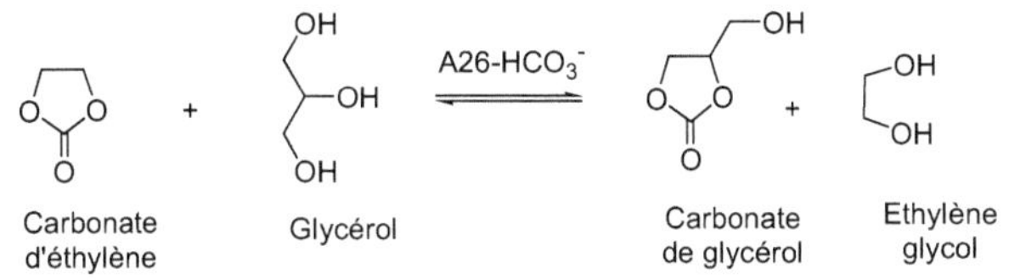

Carbonate   Glycérol   Carbonate   Ethylène
d'éthylène   de glycérol   glycol

Figure 16. Transcarbonatation du glycérol par le carbonate d'éthylène

Cette réaction conduit à un mélange des réactifs de départ, de carbonate de glycérol, d'éthylène glycol et de la base utilisée comme catalyseur. Pour isoler le carbonate de glycérol des autres composés et notamment du glycérol, en fin de réaction, cela exige une neutralisation acide et une distillation à base pression. Cette dernière opération est de mise en œuvre délicate en raison de la présence du glycérol contaminé par les sels issus de la neutralisation. Cela constitue le défaut essentiel de ce type de procédé.

En revanche, comme rapporté par Rokicki[53], la transcarbonatation avec le carbonate de diméthyle a été effectuée pendant 3 heures à reflux en présence d'une quantité catalytique de carbonate de potassium. Cette méthode présente deux avantages : elle ne nécessite pas de solvant et l'étape de purification consiste simplement en une distillation à 40°C sous pression réduite pour éliminer le CDM en excès ainsi que le méthanol formé au cours de la réaction (figure 17).

----

[51] S. Pelet, J.W. Yoo, Z. Mouloungui, (1999). Analysis of Cyclic Organic Carbonates with Chromatographic Techniques. *J. High Resol. Chromatogr, 22, (5) 276–278*

[52] D. Fabbri, V. Bevoni, M. Notari, F. Rivetti, (2007). Properties of a potential biofuel obtained from soybean oil by transmethylation with dimethyl carbonate. *Fuel-Elsevier, 86, 690–697*

[53] G. Rokicki, W. Kuran, (1984). Cyclic carbonates obtained by reactions of alkali metal carbonates with epihalohydrins. *Chem. Soc. Jpn, 57, 1662-1666*

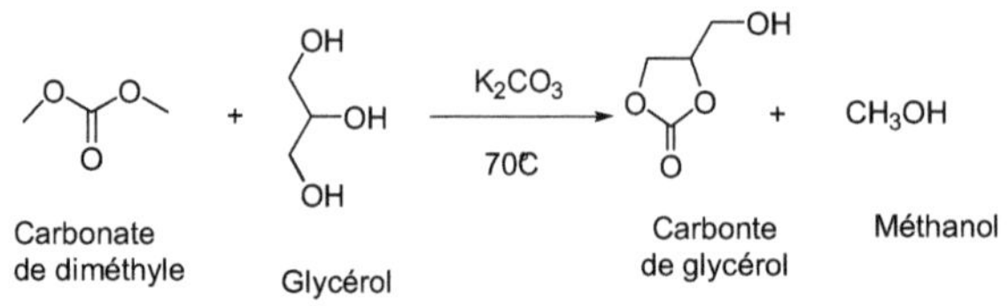

Figure 17. Transcarbonatation du glycérol par le carbonate de diméthyle

La non toxicité du carbonate de diméthyle et la facilité de purification du carbonate de glycérol sont les atouts de ce procédé. Par contre, un excès du carbonate de diméthyle conduit à la formation des produits secondaires dans le monocarbonate de diol et bicarbonate de diol.

Une variante enzymatique de cette approche a été développée par Cheol Kim et al[54] pour la synthèse du carbonate de glycérol avec des rendements presque quantitatifs à partir du carbonate de diméthyle et d'une lipase (Novozym 435, issue de *Candida Antarctica*) jouant le rôle d'extracteur de méthanol (figure 18).

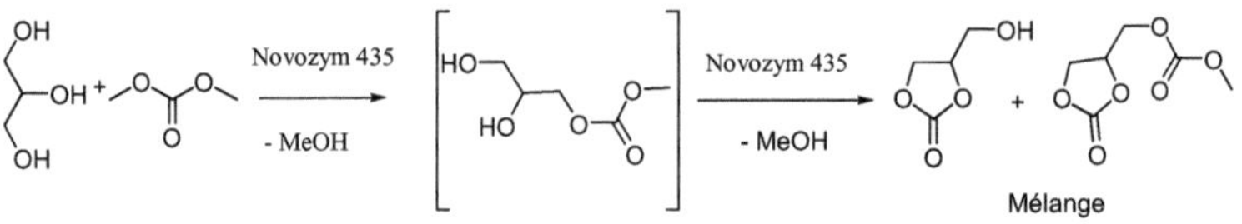

Figure 18. Transesterification enzymatique du glycérol par le carbonate de diméthyle

La synthèse du carbonate de glycérol catalysé par lipase est très efficace comparée à la cyclisation catalytique en milieu basique.

II.5.1.2. Carbonatation directe par l'anhydride carbonique

Il est important de citer les travaux de Mouloungui et de ses collaborateurs[55] qui décrivent des réactions de carbonatation directe du glycérol avec l'anhydride carbonique. La réaction a été effectuée dans un réacteur fermé à une pression de 5 MPa et une température de 80°C, en présence de méthanol et d'oxyde de dibutylétain (n-Bu$_2$SnO) comme catalyseur. La réaction a atteint l'équilibre après 4 h (figure 19).

---

[54] S. Cheol kim, Y. Hwan Kin, H. Lee, D. Yoon, B. Song, (2007). Lipase-catalyzed synthesis of glycerol carbonate from renewable glycerol and dimethyl carbonate through transesterification. *Journal of Molecular Catalysis B:Enzymatic, 49*, 75-78

[55] C. Vieville, J.W. Yoo, S. Pelet and Z. Mouloungui, (1998). Synthesis of glycerol carbonate by direct carbonatation of glycerol in supercritical CO$_2$ in the presence of zeolites and ion exchange resins. *Catalysis Letters, 56*, 245–247

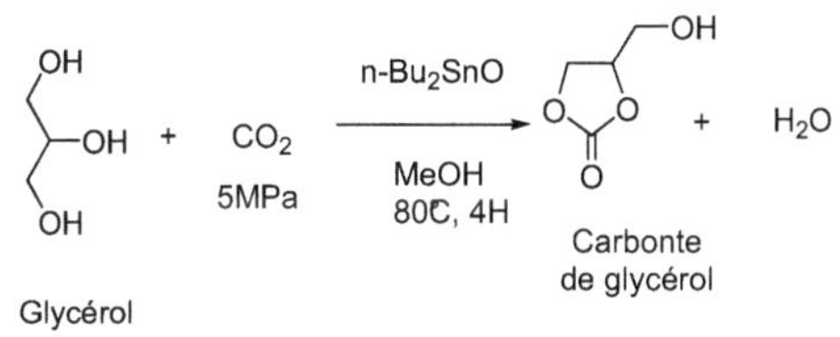

Figure 19. Carbonatation directe du glycérol par l'anhydride carbonique

Après refroidissement du mélange, la solution a été filtrée et le filtrat est analysé par chromatographie en phase gazeuse qui confirme la formation du carbonate de glycérol avec un rendement de 35%. L'augmentation de la température et de la pression n'a montré aucune différence significative dans l'issue de la réaction. Il est à noter également que le mécanisme réactionnel de cette transformation a été décrit récemment dans les travaux de Munshi et al[56] ainsi que Pastore et al[57]. Le dérivé stannique n-Bu$_2$SnO est activé par le méthanol avant de réagir avec le glycérol formant un composé qui subit à son tour une insertion de CO_2 menant au carbonate de glycérol (figure 20).

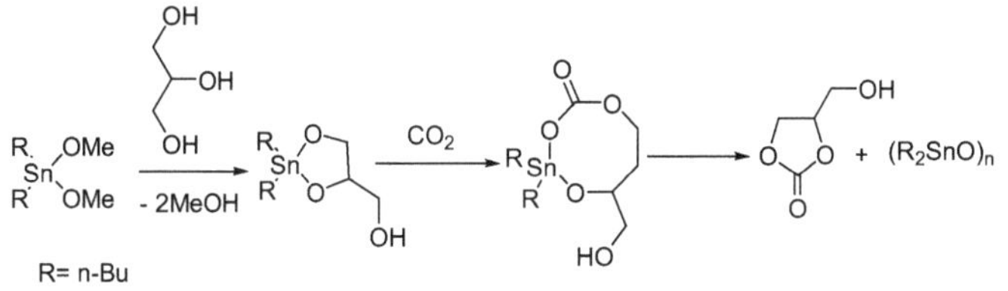

Figure 20. Mécanisme de formation du carbonate de glycérol par l'anhydride carbonique

II.5.1.3. Carbonatation catalytique du glycérol par l'urée

La carbonatation du glycérol par l'urée (figure 21) s'inscrit dans une démarche systématique d'amélioration de la compétitivité et qui confère au carbonate de glycérol un label écologique par la synthèse venant d'être mise au point et brevetée par *Novance*. Ce produit est obtenu à partir de glycérol et d'urée, c'est-à-dire à partir de réactifs d'origine entièrement naturelle. D'un point de vue mécanistique, la réaction du glycérol avec l'urée implique deux étapes consécutives : carbamoylation (étape 1) et carbonatation (étape 2).

---

[56] J. George, Y. Patel, S. Muthukumaru Pillai, P. Munshi. (2009). Methanol assisted selective formation of 1, 2-glycerol carbonate from glycerol and carbon dioxide using nBu$_2$SnO as a catalyst. *Journal of Molecular Catalysis A: Chemical, 304, 1–7*

[57] M. Aresta, A. Dibenedetto, F. Nocito, C. Pastore. (2006). A study on the carboxylation of glycerol to glycerol carbonate with carbon dioxide: The role of the catalyst, solvent and reaction conditions. *Journal of Molecular Catalysis A: Chemical, 257 ,149–153*

Le bilan chimique assimile cette réaction à une carbonylation du glycérol acidocatalysée par des acides de Lewis. En présence de sulfate de zinc, pris en exemple, le système final, hétérogène est constitué de phase liquide (carbonate de glycérol/glycérol)/solide ($ZnSO_4$)/gaz (NH_3).

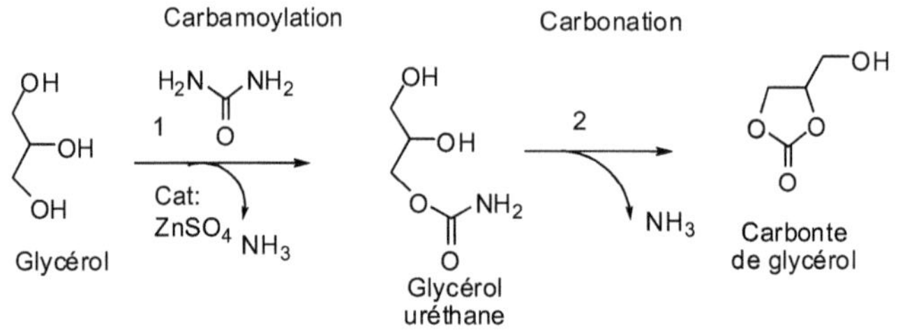

Figure 21. Hétérocyclisation du glycérol en carbonate de glycérol

Le glycérol réagit avec l'urée à une température comprise entre 90°C et 220°C en présence d'un acide de lewis. Le catalyseur peut en particulier être constitué par un sel ou un mélange de sels métalliques ou organométalliques, se présentant sous forme de poudre solide. On peut également utiliser un composé métallique supporté, sous forme de solide macroporeux ou de gel, comprenant une matrice polymérique organique supportant sur des groupements fonctionnels hétéro-organiques des cations métalliques dotés des sites acides de Lewis. Ainsi, Berhr et al[58] ont montré que l'utilisation de catalyseurs à base de sulfates métalliques ou sulfates organométalliques donnaient de très bons rendements permettant ainsi d'optimiser la réaction (tableau 3), en particulier, le catalyseur $Zn(CH_3C_6H_4-SO_3)_2$ mène au rendement de 81% de carbonate de glycérol dans un temps de réaction court. Des rendements semblables peuvent être obtenus par d'autres catalyseurs (par exemple un composé métallique comprenant une matrice polymérique supportant les cations métalliques, en particulier Zn^{++}, Mg^{++}, Mn^{++}, Fe^{++}, Ni^{++}, Cd^{++}), mais des temps de réaction plus longs.

---

[58] A. Behr, J.K. Irawada, (2008). Improved utilisation of renewable resources: New important derivatives of glycerol. Leschinski. *J. Green Chem, 10(1), 13-30*

Tableau 3. Différents catalyseurs à base de zinc pour la synthèse du carbonate de glycérol

Catalyseur	Temps de la réaction (heure)	Rendement (%)
$Zn(CH_3C_6H_4\text{-}SO_3)_2$	1	81
$Zn(CH_3C_6H_4\text{-}SO_3)_2$	1,25	85
$ZnSO_4\cdot H_2O$	2	83
$ZnSO_4$	2	86

L'urée est un réactif donneur de carbonyle efficace pour la production de carbonate à partir des composés hydroxylés, à l'exclusion des alcools aromatiques. Il est important de préciser que l'urée est produite par réaction entre l'ammonium NH_3 et le dioxyde de carbone CO_2. Dans ce cas, la consommation de CO_2 constitue donc un atout supplémentaire pour cette voie d'accès aux carbonates organiques. De plus, l'ammoniaque co-produit par l'alcoolyse de l'urée peut être exploité en l'intégrant au procédé de synthèse de l'urée.

II.5.2. Réactivité chimique du carbonate de glycérol

Le carbonate de glycérol est une molécule bifonctionnelle. Les sites hydroxyméthyle (CH_2OH) et carbonate cyclique constituent les deux centres réactionnels de la molécule. Compte tenu de la forte densité électronique sur l'atome d'oxygène du groupement hydroxyméthyle, le motif hydroxyle peut réagir avec des molécules comportant des fonctions électrophiles. Par contre, le carbonate du groupement cyclocarbonate entouré de trois atomes d'oxygène est rendu très électrophile. Il peut réagir très facilement avec des molécules présentant des fonctions nucléophiles. Différentes possibilités peuvent donc être envisagées concernant la réactivité du carbonate de glycérol (figure 22).

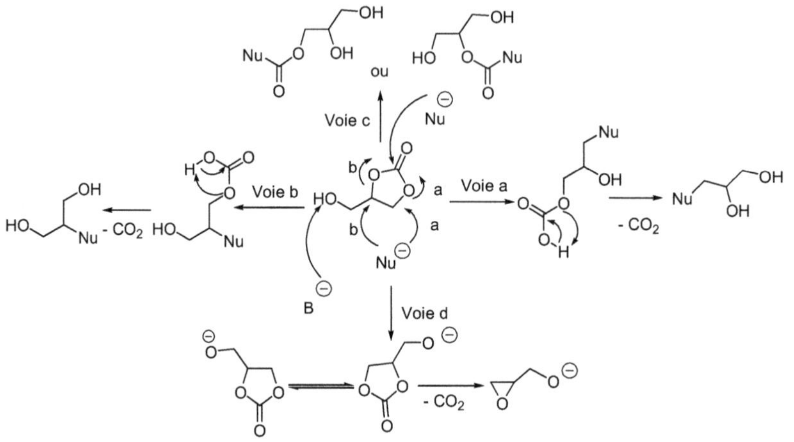

Figure 22. Différentes voies de réactions possibles du carbonate de glycérol

En présence de nucléophiles, le carbonate de glycérol peut réagir de deux façons : soit par attaque sur un carbone sp^3 avec libération d'acide carbonique conduisant après décarboxylation à un polyol (voie a, voie b)[59], soit par attaque du carbone sp^2 conduisant à la formation d'un dérivé carboxylique acyclique (voie c). En présence d'une base (voie d), le proton acide du groupe hydroxyle peut être arraché pour conduire à un alcoolate qui peut évoluer pour donner du glycidate.

Le carbonate de glycérol peut également se décarboxyler pour donner du glycidol[60] pouvant conduire après polymérisation à du polyglycérol connu pour être un bon agent de stabilisation dimensionnelle du bois (figure 23).

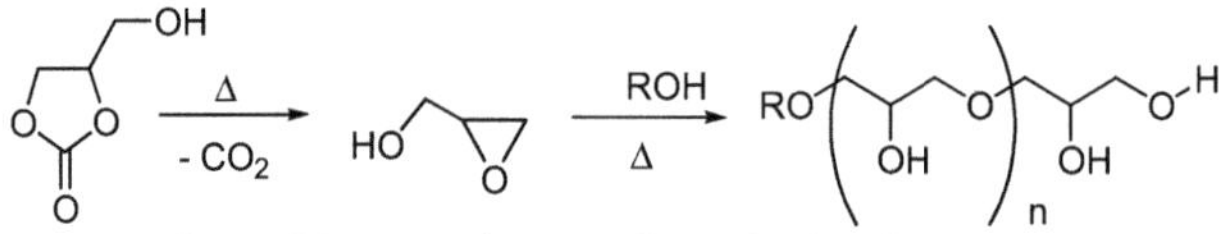

Figure 23. Formation et polymérisation du glycidol

Simao et al[61] ont exploré la réactivité du carbonate de glycérol dans un objectif de développement de synthons pour la chimie organique fine. L'alcool primaire du carbonate de

[59] M. Ghandi, A. Mostashari, M. Karegar, M. Barzegar (2007). Efficient Synthesis of a-Monoglycerides via Solventless Condensation of Fatty Acids with Glycerol Carbonate. *J Amer Oil Chem Soc 84:681–685*
[60] A. Herman, A. Bruson, T.W. Riener, (1951). Thermal decomposition of glyceryl carbonates. *JACS, 74 (8), 2100-2101*
[61] A.C. Simao, L. Pukleviciene, C. Rousseau, P. Rollin, (2006). 1, 2-Glycerol Carbonate: A Versatile Renewal Synthon. *Letters in Organic Chemistry, 3,744-748*

glycérol a été alors activé par des groupes partants comme des mésylates et tosylates
(figure 24).

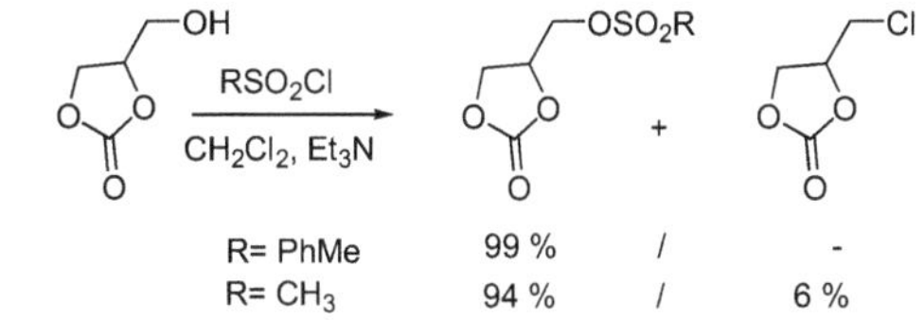

R= PhMe   99 %   /   -
R= CH$_3$ 94 %   /   6 %

Figure 24. Activation de l'alcool primaire du carbonate de glycérol
par des chlorures d'acides sulfoniques

Ensuite, les thiols sont utilisés comme nucléophiles conduisant à des mélanges de
produits, une mono- et une double substitution sont obtenues. Un produit d'élimination est
également isolé (figure 25).

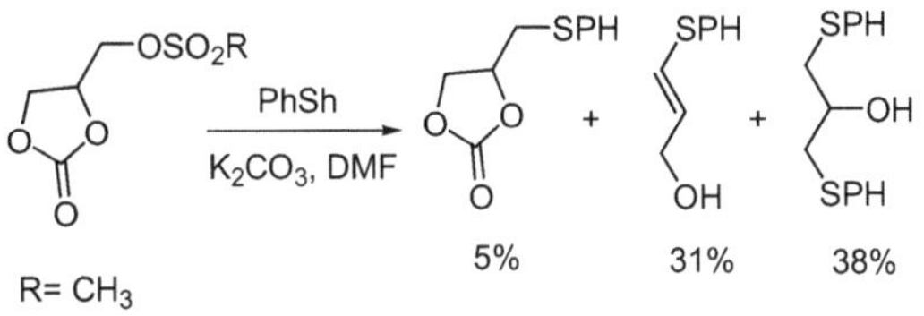

5%   31%   38%

R= CH$_3$

Figure 25. Réaction de thiol sur l'alcool primaire du carbonate de glycérol activé

D'autres essais de transformation du groupe hydroxyle du carbonate de glycérol ont
été réalisés par estérification selon un procédé breveté[62], faisant réagir un chlorure d'acyle et
le carbonate de glycérol en milieu solvant et en présence d'une base comme accepteur de
l'acide chlorhydrique (pyridine ou triméthylamine). Ils conduisent aux esters de carbonate de
glycérol avec un bon rendement et une grande diversité de groupement acyle. C'est une
méthode classique de synthèse des esters carbonates (figure 26).

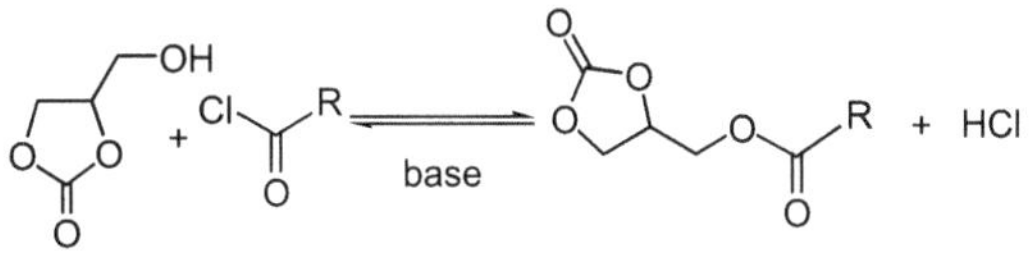

Figure 26. Réaction d'estérification du carbonate de glycérol et d'un chlorure d'acide

---

[62] A. Lachowichz, G.F Grahr, (1991). DE3.937, 116

Les esters de carbonate de glycérol ont des potentialités d'application dans plusieurs domaines[63]. Ils peuvent être utilisés comme solvants organiques d'électrolyte, additifs pour peintures, comme co-réactifs de polyuréthane et comme solvants organiques non toxiques.

Le carbonate de glycérol est rapporté pour réagir aisément avec les amines primaires dans des conditions douces comprises entre la température ambiante et 50°C[64,65,66]. La réaction fait preuve d'une faible régiosélectivité et conduit donc généralement à un mélange de deux isomères (figure 27).

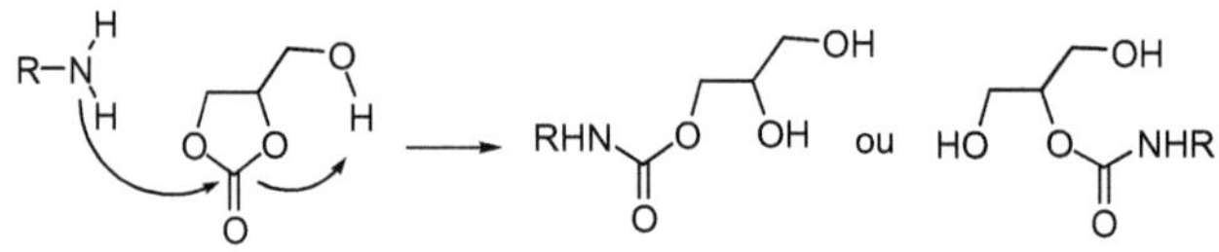

Figure 27. Réaction du carbonate de glycérol avec les amines

Cette réaction offre des perspectives intéressantes dans le domaine des tensioactifs. Il semble ainsi possible d'accéder très facilement à toute une gamme de produits présentant des propriétés amphiphiles pouvant trouver des applications comme tensioactifs verts ou solo-tensioactifs[67].

Il ressort de cette réaction qu'il est possible de mettre au point de nouvelle méthode de synthèse de polyuréthanes ne faisant pas appel à l'utilisation de poly-isocyanates et s'appuyent sur des matières premières d'origine renouvelable. Récemment, la formation de composés à groupement hydroxy-uréthane à partir de la condensation des composés à groupement carbonate cyclique avec les amines a été abordée dans la littérature[68,69]. Cette réaction conduit à la formation de composés à groupement hydroxy-uréthane (figure 28).

[63] Z. Mouloungui, S. Pelet, (2001). Study of the acyl transfer reaction: Structure and properties of glycerol carbonate esters. *Eur. J. Lipid Sci. Technol, 103. 216–222*

[64] A. Steblyanko, W. Choi, F. Sanda, T. Endo, (2000). Addition of five-membered cyclic carbonate with amin and its application to polymer synthesis. *Journal of Polymer Science: Part A: Polymer Chemistry, Vol. 38, 2375–2380*

[65] L. Ubaghs, N. Fricke, H .Keul, H. Hoker, (2004). Polyurethanes with pendant hydroxyl groups: synthesis and characterization. *Macromol. Rapid Commun, 25, 517–521*

[66] A. Behr, J. Eilting, K. Irwadi, J. Leschinski, F. Lindner (2008). Improved utilisation of renewable resources: new important derivatiives of glycerol. *Green Chem, 10, 13–30*

[67] Herault, David (2004). Alkyl and/or alkenyl glycérol carbamates. US 20040110659

[68] G. Prompers, H. Keul, H. Hocker, (2006). Polyurethanes with pendant hydroxy groups: polycondensation of 1,6-bis-O-phenoxycarbonyl-2,3:4,5-di-O-isopropylidenegalactitol and 1,6-di-O phenoxycarbonylgalactitol with diamines. *Green Chem, 8, 467–478 ,467*

[69] C. Novi, A. Mourran, H. Keul,, M. Moller, (2005). Ammonium Functionalized Polydimethylsiloxanes: Synthesis and Properties. *Macromol. Chem. Phys, 207, 273–286*

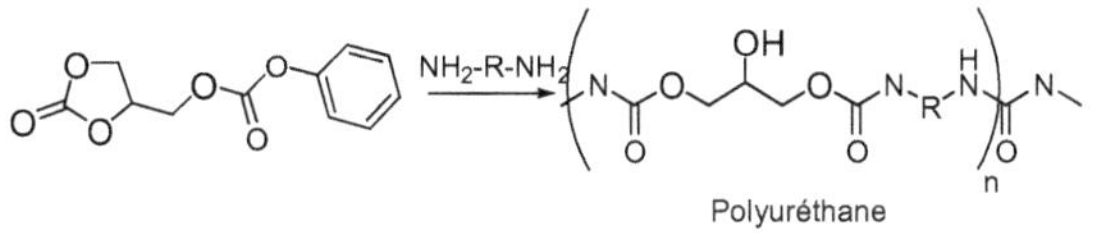

Polyuréthane

Figure 28. Formation de composés à groupement hydroxy-uréthane

II.5.3. Formation de polyuréthanes

Les polyuréthanes occupent une place privilégiée dans le domaine des polymères, en raison à la fois de leur nature et de leurs applications. Ils sont habituellement formés à partir de la réaction entre un di-isocyanate et un composé comportant des groupes hydroxyle, par exemple un diol. Le choix des matières premières, aussi bien au niveau du di-isocyanate que du diol, est très vaste et permet une large variété de combinaisons conduisant à des produits aux propriétés et aux applications différentes. Un inconvénient des polyuréthanes est leur mode de synthèse qui implique le plus souvent l'utilisation de monomères comportant plusieurs fonctions isocyanate très réactives et souvent toxiques du fait de leur pouvoir d'alkylation. Par conséquent, les produits utilisés dans la formation des polyuréthanes ont malheureusement un grand impact sur l'environnement et présentent de nombreux risques chimiques pour les opérateurs.

De nombreux travaux[70,71] de recherche ont été effectués pour mettre au point des méthodes moins dangereuses et moins nocives. Ainsi, depuis quelques années, une nouvelle stratégie de synthèse de la fonction uréthane est étudiée. Il est apparu que la réaction entre une diamine et une molécule comportant au moins deux fonctions carbonate cyclique conduit à la formation de polyuréthane, sans faire appel à l'utilisation d'isocyanates.

Récemment, Steblyanko et *al*[72]; Tomita et *al*[73] ont synthétisé des polyuréthanes par réaction de polyaddition entre un composé comportant deux fonctions carbonate cyclique et une diamine qui conduit, en phase organique sèche, à la formation d'un polyuréthane porteur de fonctions hydroxyle primaire ou secondaire (figure 29).

---

[70] B. Ochiai, Y. Satoh, T. Endo, (2005). Nucleophilic polyaddition in water based on chemo-selective reaction of cyclic carbonate with amine. *Green Chem, 7, 765-767*

[71] L. Ubaghs, N. Fricke, H. Keul, H. Höcker, (2004). Polyurethanes with pendant hydroxyl groups: Synthesis and characterization. *Macromol. Rapid. Commun, 25,(3), 517-521*

[72] A. Steblyanko, W. Choi, F. Sanda, T. Endo, (2000). Addition of Five-Membered Cyclic Carbonate with Amine and Its Application to Polymer Synthesis. *Journal of Polymer Science: Part A: Polymer Chemistry, 38, 2375–2380*

[73] H. Tomita, F. Sanda, T. Endo, (2001). Structural Analysis of Polyhydroxyurethane Obtained by Polyaddition of Bifunctional Five-Membered Cyclic Carbonate and Diamine Based on the Model Reaction. *Journal of Polymer Science: Part A: Polymer Chemistry, 39, 851–859*

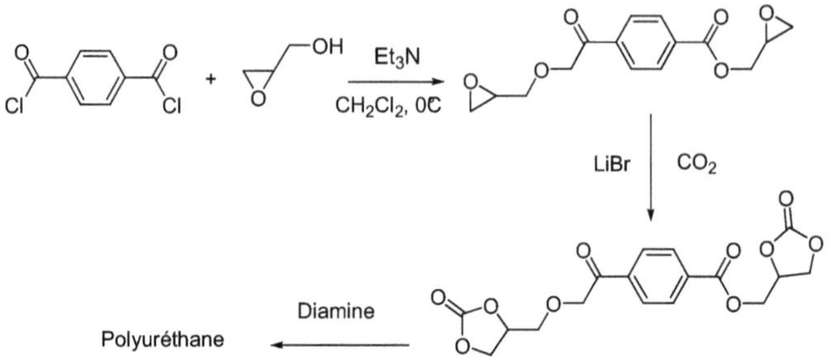

Figure 29. Réaction de polyaddition de carbonate cyclique et une diamine

La synthèse du composé comportant deux fonctions carbonate cyclique est réalisée en deux étapes par réaction du chlorure de diacide et du glycidol dans un solvant organique pour la première étape. La seconde étape est une réaction d'addition du dioxyde de carbone en présence d'un catalyseur, pendant une durée de l'ordre de 24 heures à une température modérée (60-80°C).

D'autres voies de synthèse de polyuréthanes n'impliquant pas l'utilisation d'isocyanates font appel à des réactions de transcarbamoylation, comme par exemple celle décrite dans les travaux de Rokicki[74], utilisant le carbonate d'éthylène et une diamine dans des réactions successives de polycondensation (figure 30).

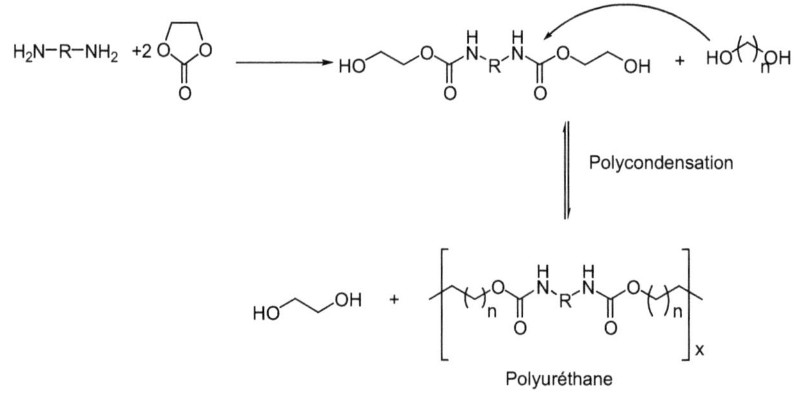

Figure 30. Formation de polyuréthane par réaction de transcarbamoylation

---

[74] G. Rokicki, A. Piotrowska, (2002). A new route to polyurethanes from ethylene carbonate, diamines and diols. *Polymer, 43, 2927-2935*

Un autre exemple d'emploi de carbonates cycliques dans la synthèse des polyuréthanes est rapporté dans les travaux de Webster[75] par l'intermédiaire de la réaction de carbonate de glycérol avec des diisocyanates en présence de différents solvants (Figure 31).

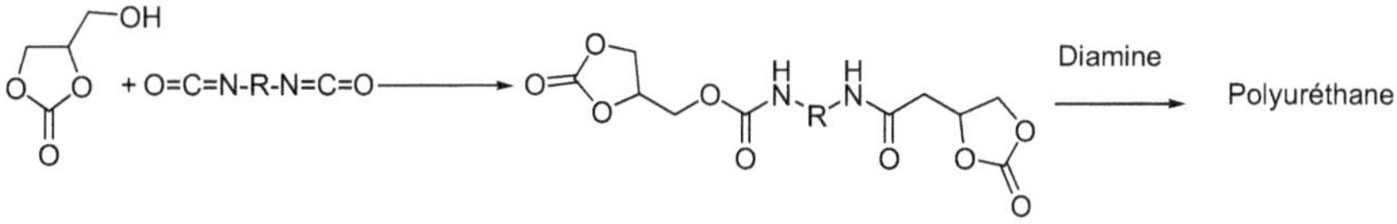

Figure 31. Formation de polyuréthane par réaction du carbonate de glycérol et diisocyanates

En 2004, Ubaghs et ses collaborateurs[76] ont décrit une méthode en deux étapes de préparation de polyuréthane à partir du carbonate de glycérol (figure 32). La première étape est une réaction du carbonate de glycérol avec le chloroformate de phényle, la seconde est une réaction de condensation avec des diamines conduisant à la formation du polyuréthane attendu.

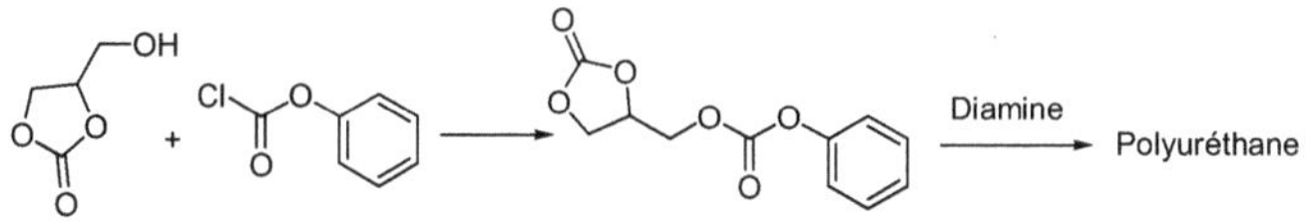

Figure 32. Formation de polyuréthane à partir du carbonate de glycérol

Cette même méthode a été utilisée par Novi et al[77] pour la synthèse de polyuréthanes. La réaction est réalisée en présence de polydimethylsiloxane diamine (PDMS) qui apporte des groupements silylés à la chaîne polymérique (figure 33).

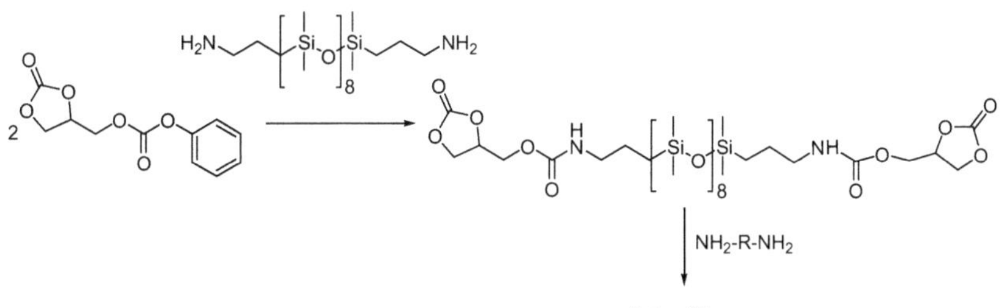

Figure 33. Formation de polyuréthane par réaction de polyaddition

[75] C. Dean, Webster, (2003). Cyclic carbonate functional polymers and their applications. *Progress in Organic Coatings, 47, 77–86*
[76] L. Ubaghs, N. Fricke, H. Keul, H Hocker, (2004). Polyurethanes with Pendant Hydroxyl Groups:Synthesis and Characterization. *Macromol. Rapid Commun, 25, 517-521*
[77] C. Novi, A. Mourran, H. Keul, M. Moller, (2005). Ammonium-Functionalized Polydimethylsiloxanes: Synthesis and Properties. *Macromol. Chem. Phys, 207, 273–286*

Le polyuréthane obtenu par l'intermédiaire de cette méthode est utilisé comme enduit pour modifier la surface de différents matériaux tels que verres, céramiques, métaux, plastiques, fibres et textiles. L'intérêt de cette méthode est de pouvoir travailler en phase aqueuse.

Plus récemment, la compagnie Rhodia[78] a déposé un brevet permettant d'obtenir des polyuréthanes sans avoir recours à l'utilisation d'isocyanates mettant en jeu plusieurs réactions successives qui peuvent être réalisées selon un procédé « one pot ». Ce procédé implique l'utilisation d'une diamine, d'un carbonate cyclique présent sur le carbone en α d'une fonction hydroxyle libre, de carbonate de diméthyle et éventuellement d'un catalyseur à base de zinc, zirconium, étain et titane (figure 34).

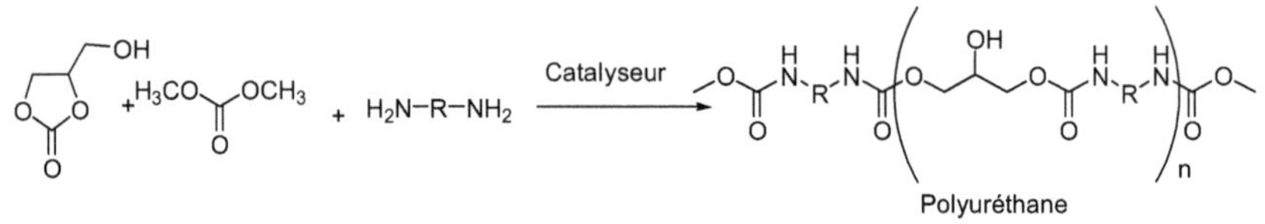

Figure 34. Formation de polyuréthane selon un procédé « one pot »

Le procédé permet un accès à une large gamme de polyuréthanes fonctionnels qui peuvent être utilisés dans le domaine des revêtements ou adhésifs.

[78] J. M. Bernard, (2008). Method for preparing polyhydroxy-urethane. PU WO2008107568 (A2)

III. Résultats et discussion

Comme cela a été mentionné dans l'introduction, notre travail a consisté à développer différents traitements basés sur l'utilisation de carbonates cycliques dérivés du glycérol dont principalement le carbonate de glycérol.

Nous présentons nos résultats en deux parties : la première décrit les différentes méthodes de modification chimique envisagées à partir des produits précédents, la seconde concerne l'application des méthodes développées au traitement du bois.

III.1. Mise au point des méthodes de modification chimique

III.1.1. Méthodes basées sur la polymérisation du carbonate de glycérol

III.1.1.1. Réactivité du carbonate de glycérol sans autre réactif

Cette première partie de notre recherche vise à mettre au point des méthodes de modification chimique du bois basées sur l'utilisation du carbonate de glycérol, pour développer de nouveaux produits de traitement du bois. Dans ce contexte, nous avons envisagé de développer des traitements en phase aqueuse, qui après imprégnation du produit dans le bois et polymérisation *in situ* permettent de fixer ce dernier afin d'éviter son lessivage dans des conditions extérieures d'utilisation. Les pistes initialement envisagées sont basées sur la formation d'un composite bois-polymère utilisant directement le carbonate de glycérol comme réactif d'imprégnation. Une première possibilité concerne la formation d'un polycarbonate dans le bois résultant d'une réaction d'auto-condensation du carbonate de glycérol sur lui-même (voie A, figure 35) pouvant ou non être lié au bois. La seconde possibilité concerne la formation de polyglycérol dans le bois suite à une première réaction de décarboxylation du carbonate de glycérol conduisant à du glycidol susceptible de polymériser dans le bois pour conduire à la formation de polyglycérol (voie B, figure 35).

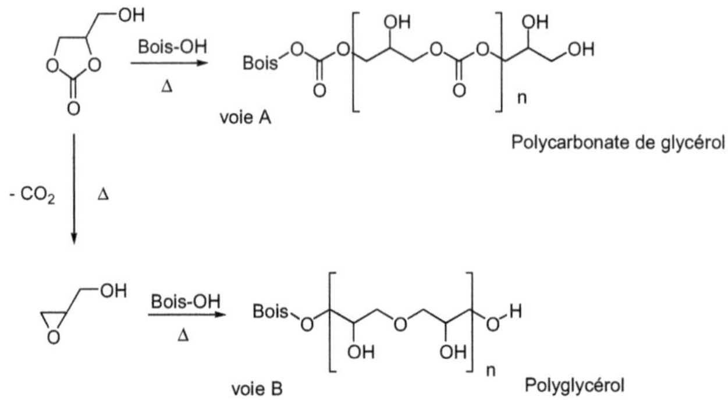

Figure 35. Polymérisation *in situ* du carbonate de glycérol soit sous forme
de polycarbonatesoit, soit sous forme de polyglycérol

Concernant la deuxième approche impliquant une réaction préalable de décarboxylation, il nous a semblé intéressant d'étudier dans un premier temps la stabilité thermique du carbonate de glycérol et sa température de décarboxylation, avant d'étudier sa réactivité chimique.

III.1.1.2. Analyse thermogravimétrique du carbonate de glycérol

L'analyse thermogravimétrique (TG) est une méthode d'analyse qui permet de suivre quantitativement les changements de masse d'un échantillon en fonction de la température. Les variations de masse de l'échantillon sont la conséquence de transformations physique (évaporation) et chimique (dégradation thermique, oxydation, décarboxylation...) caractéristiques du composé analysé. Ces transformations conduisent à des produits volatils ou des co-produits qui impliquent un changement de masse de l'échantillon.

La thermogravimétrie est complétée par l'utilisation de l'analyse thermique différentielle (ATD). Toute réaction ou tout changement d'état d'un composé absorbe ou restitue de l'énergie. Le point de départ d'un changement de phase ou d'une réaction chimique est le point à partir duquel la courbe d'analyse thermique différentielle dévie la ligne de base. De ce fait, une transformation endothermique associée à un pic négatif est dite pic endothermique, alors qu'une réaction exothermique dégageant de la chaleur conduit à un pic positif dit pic exothermique.

De façon à déterminer la stabilité thermique du carbonate de glycérol et sa température de décarboxylation et dans le but d'envisager la possibilité de le faire polymériser *in situ* via la formation de glycidol, nous avons effectué une analyse

35

thermogravimétrique du produit. L'analyse a été effectuée sous air pour une gamme de températures comprises entre 20 et 500°C avec une montée en température de 5°/min (figure 36).

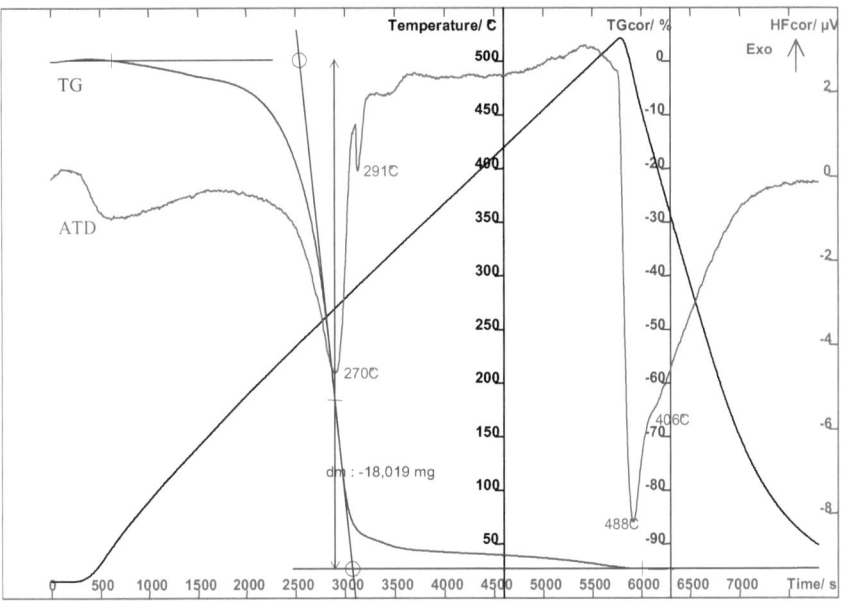

Figure 36. Analyse TG/ATD du carbonate de glycérol

La figure donne deux courbes :

- TG : Courbe thermogravimétrique (perte de masse)
- ATD : Courbe thermique différentielle

L'analyse thermogravimétrique indique que les pertes de masse sont relativement faibles jusqu'à des températures d'environ 200-220°C. Il apparaît que le produit ne se décarboxyle pas en dessous de 220°C. Les légères pertes de masse observées en dessous de cette température sont attribuables à la présence d'eau dans le produit de départ. Au delà de ces températures, on observe une augmentation rapide de la perte de masse qui est pratiquement totale à 300°C. L'analyse différentielle indique une transformation exothermique à 270°C correspondant à la décarboxylation du produit pour donner du glycidol qui se vaporise rapidement conduisant à une perte de masse pratiquement totale.

Suite à ces résultats, il apparaît que la voie B impliquant la formation de polyglycérol *in situ* dans le bois par la décarboxylation du carbonate de glycérol nécessite une température trop élevée pour envisager la formation d'un composite bois-polymère directement sans dégrader les constituants du bois. Ce dernier est connu pour commencer à se dégrader dans une gamme de températures comprises entre 200 et 300°C[79]. C'est pourquoi, nous avons envisagé une autre méthode pour provoquer la décarboxylation en utilisant une activation micro-ondes, rapportée dans la littérature pour permettre des réactions dans des conditions plus douces[80,81,82].

III.1.1.3. Polymérisation du carbonate de glycérol par voie micro-ondes

Les radiations micro-ondes sont des ondes électromagnétiques caractérisées par l'association d'un champ électrique et d'un champ magnétique. Les micro-ondes se propagent dans des atmosphères variées et sont réfléchies par les parois métalliques. Elles sont absorbées uniquement par les molécules polaires entraînant ainsi une orientation forcée de ces dernières dans le sens du champ électromagnétique. En conséquence, les mouvements moléculaires provoquent des frictions qui dissipent sous forme de chaleur une partie de l'énergie émise. Il en résulte que l'échauffement sous micro-ondes des molécules polaires se traduit par un dégagement intense et instantané de chaleur dans la masse irradiée. De ce fait, l'apport d'énergie micro-onde en synthèse organique permet de diminuer largement les temps de réaction et d'augmenter les rendements[83]. Par ailleurs, ce type d'activation permet d'éviter de chauffer à haute température pendant des temps importants limitant ainsi les réactions de dégradations.

Divers paramètres sont modulables pour effectuer des réactions sous irradiations micro-ondes :

- la température

- la puissance

- la pression (autoclave ou réacteur ouvert)

- le solvant (avec ou sans)

---

[79] M. Hakkou, M. Pétrissans, A. Zoulalian, P. Gérardin, (2005). Investigation of wood wettability changes during heat treatment on the basis of chemical analysis. *Polym Degrad Stab, 89:1-5*

[80] C. Zhang, L.J Liu, L.Q. Liao, RX. Zhuo, (2003). Microwave-assisted ring opening polymerization of trimethylene carbonate. *Polym Prep, 44(1):874–5*

[81] C. Zhang, L.J Liu, L.Q. Liao, (2004). Rapid ring-opening polymerization of D, L-lactide by microwaves. *Macromol Rap Commun, 25(15):1402–5*

[82] X.M. Fang, C.D. Simone, E. Vaccaro, S.J. Huang, D.A. Scola, (2002). Ring-opening polymerization of ε-caprolactam and ε-caprolactonevia microwave irradiation. *J Polym Sci, Part A: Polym Chem, 40(14):2264–75*

[83] D. Savostianoff, info chimie n°293,1988, 236,136-151

Du fait de l'intérêt croissant pour développer des réactions impliquant des conditions moins dangereuses et plus respectueuses de l'environnement, les réactions sans solvant sont de plus en plus répandues.

Le mode opératoire suivi pour tenter de polymériser le carbonate de glycérol sous activation micro-ondes a été réalisé selon une méthode décrite dans la littérature[84] permettant de synthétiser le poly(triméthylène carbonate) par micro-ondes à partir de l'éthylène glycol en l'absence de catalyseur (figure 37).

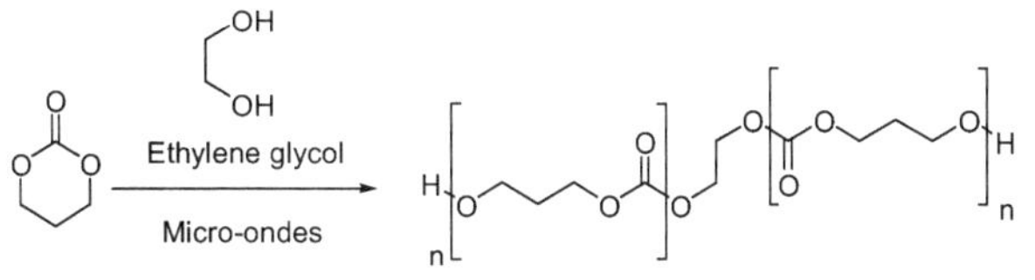

Figure 37. Synthèse du poly(triméthylène carbonate) par activation micro-ondes

Ce procédé présente deux avantages : il ne nécessite pas de solvant et le temps de réaction est très court.

Etant donné que la température est dépendante de la puissance, les réactions ont été effectuées en contrôlant deux paramètres : la puissance et le temps. Un suivi par IR a été réalisé en se basant sur l'évolution de la bande caractéristique du carbonate cyclique à 1780 cm^{-1}. La réaction étant terminée lorsque cette bande disparaît totalement. Les différents résultats sont rassemblés dans le tableau 4.

Tableau 4. Réactivité du carbonate de glycérol sous activation micro-ondes

Essai	Puissance (W)	Température (°C)	Temps (min)	$\nu_{C=O}$ à 1780 cm^{-1}
1	20	135	60	Pas d'évolution
2	50	150	60	Pas d'évolution
3	70	170	60	Pas d'évolution
4	100	180	60	Disparition
5	100	180	10	Disparition

[84] L. Liao, C. Zhang, S. Gong, (2007). Rapid synthesis of poly(trimethylene carbonate) by microware-assisted ring-opening polymerization. *European Polymer Journal, 43, 4289-4296*

Le traitement du carbonate de glycérol sous activation micro-ondes pour une puissance de 100W et une température de 180°C pendant 10 minutes a permis d'isoler un produit de viscosité supérieure à celle du produit de départ. La disparition en IR de la bande caractéristique du carbonate cyclique à 1780 cm^{-1} et l'absence de bande à 1735 cm^{-1} caractéristique d'un carbonate acyclique indiquent que la réaction de décarboxylation conduit soit à la formation de glycérol soit au polyglycérol et non à celle de polycarbonate de glycérol (figure 38).

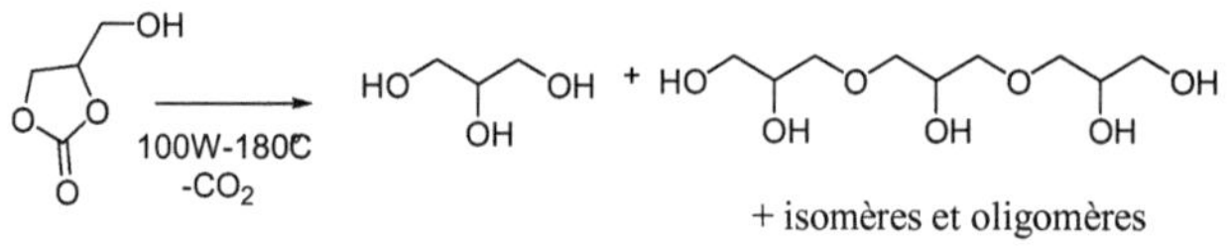

+ isomères et oligomères

1

Figure 38. Réactivité du carbonate de glycérol sous activation micro-ondes

Pour confirmer la formation de polyglycérol, le produit obtenu a été analysé par spectroscopie infrarouge et RMN. La figure 39 rapporte les spectres IR du glycérol, du poglyclycérol (PG3 fourni par *Novance*) ainsi que du carbonate de glycérol comme produit de référence comparé au spectre du produit 1 obtenu par micro-ondes.

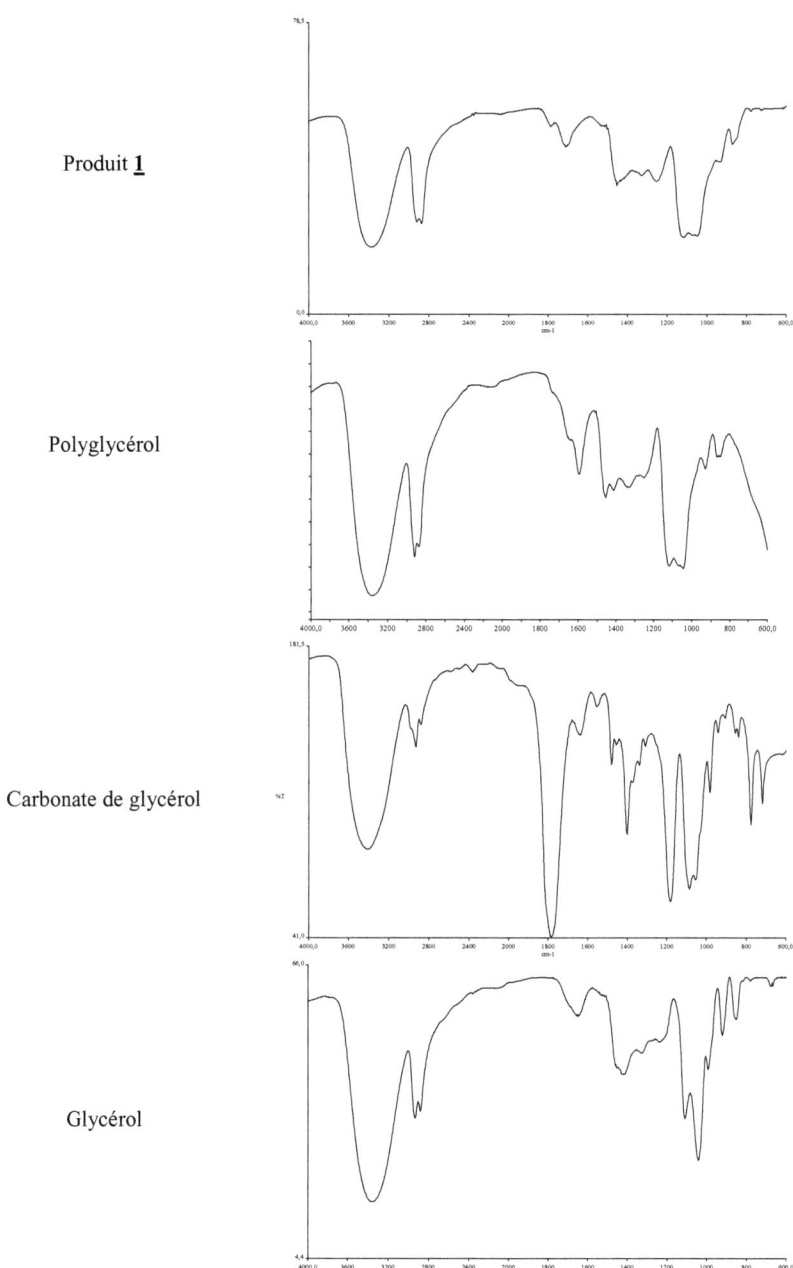

Figure 39. Spectres FTIR du glycérol, du polyglycérol et du carbonate de glycérol comparés au produit **1** obtenu par micro-ondes

Les spectres FTIR de ces produits présentent tous une bande large à 3401 cm^{-1} correspondant aux vibrations d'élongations du OH et une autre à 2931 cm^{-1} attribuable aux vibrations d'élongations du CH$_2$. Une différence pour le carbonate de glycérol avec une bande de forte intensité présente à 1790 cm^{-1}, caractéristique des élongations du carbonyle C=O du carbonate cyclique ; cette dernière permet de suivre l'avancement de l'évolution du carbonate de glycérol en présence de différents réactifs. Les bandes situées entre 1400 et 1000 cm^{-1} sont caractéristiques des élongations C-H et C-O.

L'analyse des différents spectres infrarouge met en évidence la réaction de décarboxylation indiquée précédemment. Le produit **1** présente des bandes d'absorption *IR* relativement larges caractéristiques d'une structure polymérique similaire à celle du polyglycérol.

Les analyses RMN ^{1}H sont rassemblées dans la figure 40.

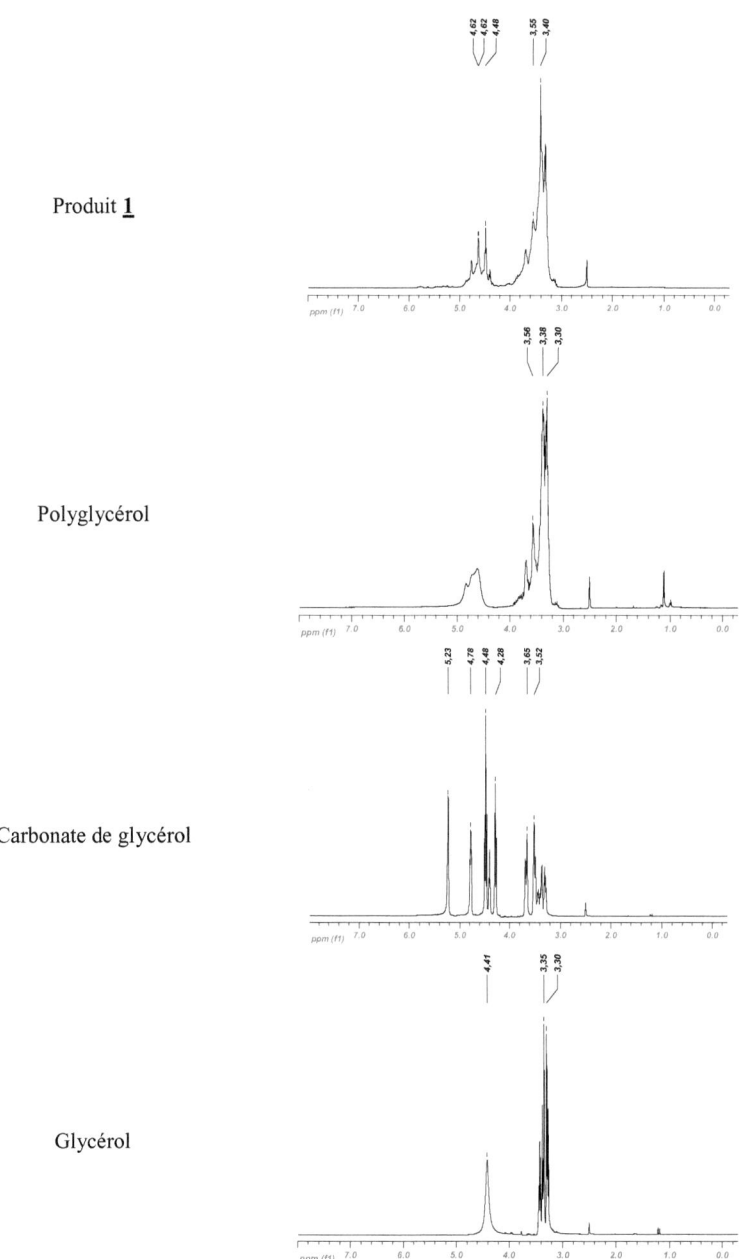

Figure 40. Spectres RMN ^{1}H (DMSO d$_6$) du glycérol, du polyglycérol et du carbonate de glycérol comparés au produit **1** obtenu par micro-ondes

Le carbonate de glycérol présente une inéquivalence magnétique des protons du groupe méthylène exocyclique situés à 3,5 et 3,6 ppm et des protons du groupe méthylène endocyclique situés à 4,2 et à 4,7 ppm. Cette inéquivalence magnétique s'explique par le fait qu'il s'agit de protons diastéréotopiques du fait de la présence d'un carbone asymétrique. De même, la structure rigide du groupement cyclocarbonate empêche la libre rotation des liaisons C_2-C_3 rendant les protons chimiquement inéquivalents et les faisant apparaître à des déplacements chimiques différents. Les spectres RMN ^1H du glycérol et du polyglycérol présentent un signal fin à 4,4 ppm pour le glycérol et très large dans le cas de PG3 caractéristique du OH avec un massif complexe de déplacements entre 3,3 et 3,6 ppm du proton CH_2.

La disparition des signaux situés à 4,2-4,7 ppm caractéristiques des protons du carbonate cyclique confirme la réaction de décarboxylation. Contrairement au glycérol qui présente des signaux fins et bien résolus, le produit **1** présente des signaux larges en tous points comparables à ceux du PG3 et suffisamment caractéristiques pour affirmer la formation de polyglycérol sous activation micro-ondes.

Contrairement aux conditions classiques pour lesquelles la décarboxylation du carbonate de glycérol était observée à des températures supérieures à 250°C, la réaction réalisée avec une activation micro-ondes a permis d'obtenir quantitativement du polyglycérol à plus basse température ($\approx$180°C). Dans ces conditions, la réaction est réalisée sans aucun solvant ni catalyseur pendant des durées relativement courtes. Les micro-ondes peuvent être une méthode respectueuse de l'environnement et rapide potentiellement industrialisable pour synthétiser du polyglycérol.

III.1.2. Réactivité du carbonate de glycérol avec les alcools

L'autre possibilité pour faire polymériser le carbonate de glycérol consiste à envisager la formation d'un polycarbonate. Cette réaction de polycondensation implique l'ouverture du cycle carbonate par un groupement hydroxyle pouvant appartenir au carbonate de glycérol ou provenir d'une autre molécule. De plus, le carbonate de glycérol présente différents sites électrophiles capables de réagir avec des nucléophiles[85,86] comme les groupements hydroxyle

---

[85] D.C. Webster (2003). Cyclic carbonate functional polymers and their applications. *Progress in organic coatings, 47, (1), 77-86*

[86] G. Rokicki, P. Rakoczy, P. Parzuchowski, M. Sobiecki, (2005). Hyperbranched aliphatic polyethers obtained from environmentally benign monomer: Glycerol carbonate. *Green Chem, 7 (7), 529-539*

présents sur les polymères constitutifs du bois tels que la cellulose, les hémicelluloses ou la lignine.

Dans tous les cas, nous avons choisi de suivre l'avancement de la réaction par spectroscopie infrarouge. Cette méthode, extrêmement rapide et simple à mettre en œuvre, permet en effet de mettre en évidence la réaction du cycle carbonate avec différents nucléophiles en se basant sur la disparition de la bande à 1790 cm^{-1} caractéristique du C=O du carbonate de glycérol. Dans les résultats qui vont suivre, seules les bandes présentant un intérêt pour notre étude seront citées et tout particulièrement l'évolution de la bande à 1790 cm^{-1} du carbonate cyclique disparaissant au profit d'une bande à 1735 cm^{-1} caractéristique d'un carbonate acyclique.

III.1.2.1. Réactivité du carbonate de glycérol avec les alcools sans catalyseur

La réaction du carbonate de glycérol avec les alcools peut avoir lieu de deux façons différentes (figure 41).

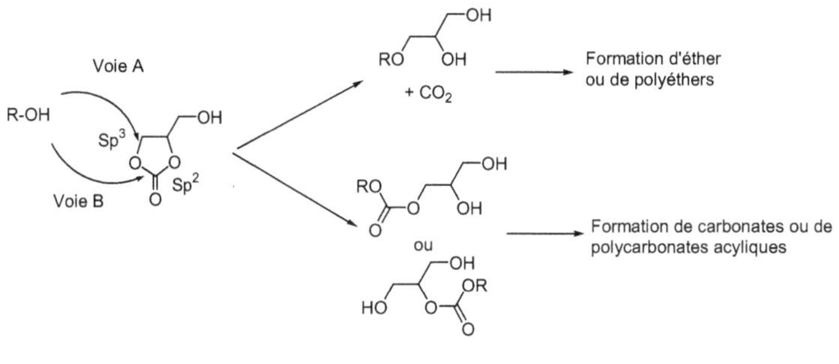

Figure 41. Différentes possibilités de réaction des alcools avec le carbonate de glycérol

L'attaque du carbone sp^3 du cycle du carbonate de glycérol par les alcools (voie A) peut conduire à la formation d'éther ou de polyéthers, alors que l'attaque du carbone sp^2 du carbonate de glycérol (voie B) conduit à la formation de carbonates ou de polycarbonates acycliques. Dans un premier temps, différents essais ont été réalisés en présence de méthanol choisi comme alcool modèle pour évaluer la réactivité du carbonate de glycérol. Les résultats figurent sur le tableau 5.

Tableau 5. Réactivité du carbonate de glycérol (4 g) avec différents alcools

Produit	Conditions réactionnelles	$\nu_{C=O}$ à 1780 cm^{-1}	$\nu_{C=O}$ à 1735cm^{-1}
-	MeOH (10ml), 80°C, 24h	Pas d'évolution	Non observée
-	MeOH (10ml), 100°C, 24h	Pas d'évolution	Non observée
2	MeOH (10ml) ,140°C, 6h	Diminution	Non observée
-	100°C, 24h	Pas d'évolution	Non observée
-	140°C, 24h	Pas d'évolution	Non observée
-	180°C, 24h	Diminution	Non observée

Dans des conditions "modérées" (T < 100°C), les alcools ne réagissent pas avec le carbonate de glycérol. Alors qu'à plus haute température on observe une diminution de la bande à 1780 cm^{-1} caractéristique de la fonction du carbonate cyclique (figure 42). La diminution de cette bande laisse toutefois supposer que la formation de carbonate acyclique n'est pas la seule réaction possible. Cette diminution de l'intensité de la bande à 1780 cm^{-1} associée au fait qu'aucune bande nouvelle n'apparaisse à 1730 cm^{-1} traduit probablement une hydrolyse partielle du produit conduisant au glycérol.

Produit **2**

glycérol

Carbonate de glycérol

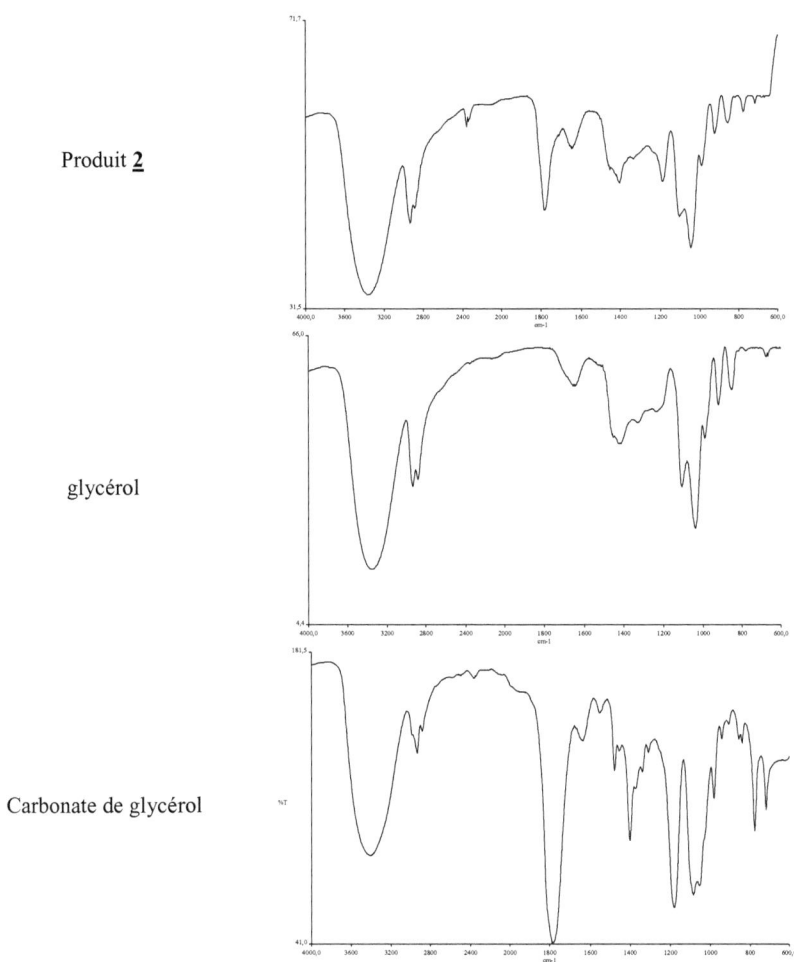

Figure 42. Spectres FTIR du carbonate de glycérol, du glycérol, le produit **2** de réaction du carbonate de glycérol avec le méthanol à 140°C

Des analyses complémentaires par RMN ^{13}C des produits obtenus ont été réalisées pour confirmer ces résultats (figure 43).

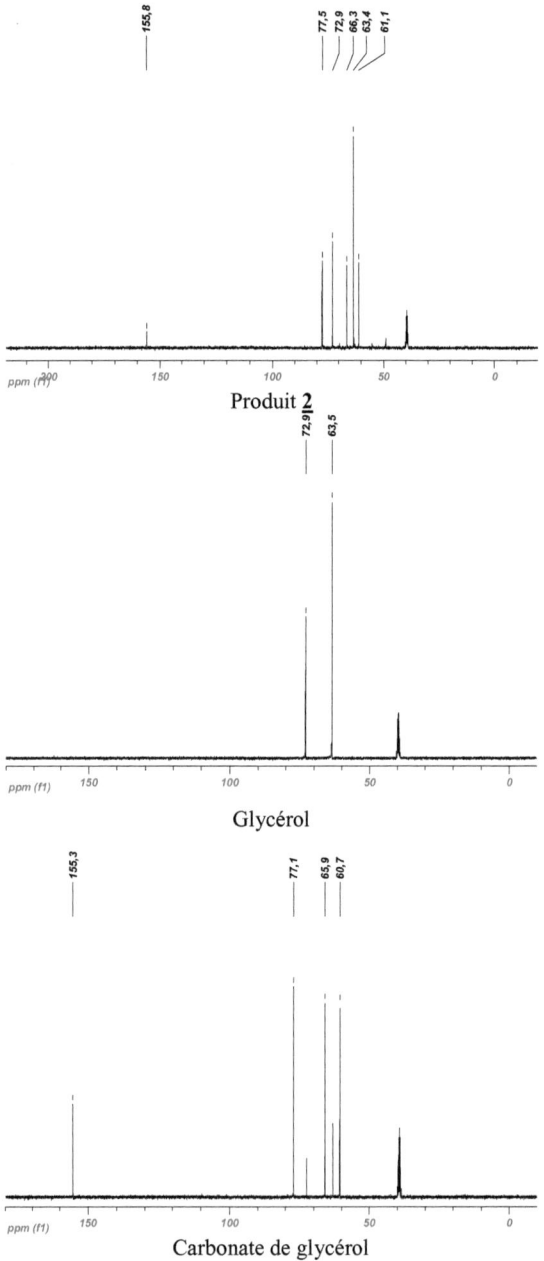

Figure 43. Spectres RMN ^{13}C (DMSO d$_6$) du carbonate de glycérol, du glycérol et du produit **2** obtenu par la réaction du carbonate de glycérol avec le méthanol à 140°C

L'analyse du produit de réaction du méthanol avec le carbonate de glycérol indique que ce dernier commence à s'hydrolyser pour donner du glycérol à une température de 140°C. Cela est confirmé par la diminution du signal à 155,4 ppm correspondant au C=O du carbonate de glycérol et par l'augmentation des signaux à 63,7 et 72,1 ppm caractéristiques du glycérol.

Un point important à noter sur le spectre RMN du carbonate de glycérol fourni par *Novance* concerne la présence de glycérol en quantité non négligeable. L'intégration des signaux RMN permet d'estimer la quantité de glycérol résiduel à environ un pourcentage de 20% dans le produit de départ.

Les différents essais réalisés ont montré que les alcools réagissaient difficilement avec le carbonate de glycérol à des températures inférieures à 140°C. Des températures supérieures conduisent à son hydrolyse en glycérol. La formation de ce dernier résulte de la présence d'eau dans le produit de départ dont la quantité a été estimée à 2,5% suite à des mesures à l'aide d'une thermobalance. L'eau serait capable d'hydrolyser le carbonate de glycérol conduisant à la formation d'acides carboniques qui se décarboxylent spontanément pour donner du glycérol (figure 44).

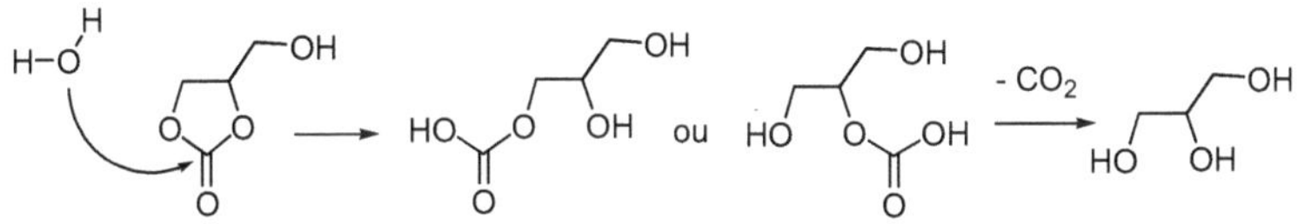

Figure 44. Formation du glycérol par hydrolyse

Pour la suite de notre étude, nous avons décidé de purifier le carbonate de glycérol afin d'éliminer au maximum l'eau et le glycérol résiduel qui pourraient interférer lors des réactions ultérieures. La purification a été réalisée par distillation à la flamme sous un vide de 4 mbar. Dans ces conditions, la fraction majoritaire du produit distillé à une température de 130°C conduit à un produit visqueux et translucide contenant seulement quelques traces de glycérol. La figure 45 présente les spectres RMN ^{1}H du carbonate de glycérol avant (A) et après (B) distillation. Ils indiquent clairement une diminution des pics caractéristiques du glycérol montrant l'efficacité de la méthode de purification retenue.

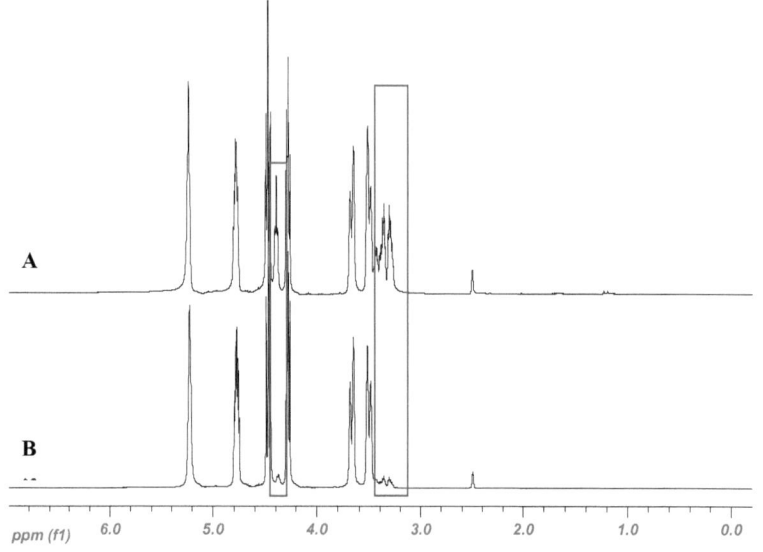

Figure 45. Spectre RMN ^{1}H (DMSO d_6) du carbonate de glycérol, (A) avant distillation, (B) après distillation

III.1.2.2. Réactivité du carbonate de glycérol avec catalyseur

Nous avons alors envisagé l'action de différentes bases en quantités catalytiques en espérant provoquer la polymérisation du produit soit sous forme de polycarbonate, soit sous forme de polyglycérol via la formation de glycidol. Les résultats sont rapportés dans le tableau 6 et la figure 46.

Tableau 6. Réactivité du carbonate de glycérol (4 g) en présence de quantités catalytiques de différentes bases

Conditions réactionnelles	$v_{C=O}$ à 1780 cm^{-1}	$v_{C=O}$ à 1735cm^{-1}
NaOH (0,05 éq), 120°C, 24 h	Disparition	Non observée
MeONa (0,05 éq), 120°C, 24 h	Disparition	Non observée
MeOK (0,05 éq), 100°C, 24 h	Disparition	Non observée
t-BuOK (0,05 éq), 100°C, 24 h	Disparition	Non observée
Et$_3$N (0,05éq), 100°C, 24h	Pas d'évolution	Non observée

49

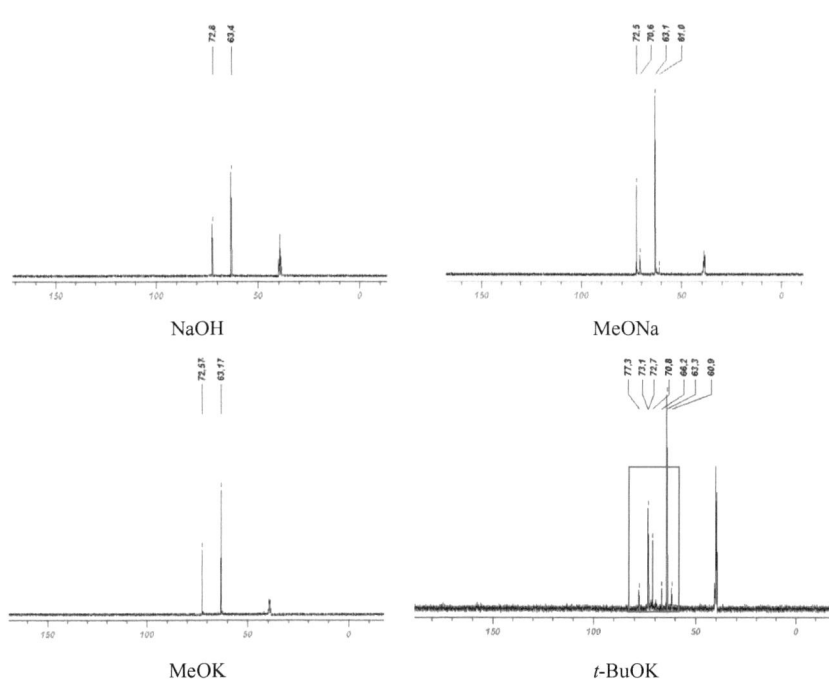

Figure 46. Spectres RMN ^{13}C (DMSO d$_6$) des produits obtenus en présence de quantités catalytiques de différentes bases

Excepté dans le cas de la triéthylamine, toutes les autres bases utilisées conduisent à nouveau au glycérol, mais dans des conditions beaucoup plus douces que ce qui avait été observé avec les alcools (cf. tableau 5, paragraphe précédent). Dans le cas du tertiobutylate de potassium, l'apparition de nombreux signaux dans la zone située entre 60,9 et 77,3 ppm pourrait être attribuée à un début de polymérisation, qui reste toutefois très minoritaire. Cette différence de réactivité avec les autres bases utilisées peut être attribuable à la plus forte basicité du tertiobutylate de potassium. Ce dernier pourrait alors permettre la formation d'alcoolate à partir de la fonction alcool primaire du carbonate de glycérol pouvant initier différentes réactions de polymérisation. Quelques essais ont également été réalisés en utilisant une catalyse acide (tableau 7).

Tableau 7. Réactivité du carbonate de glycérol (4 g) en présence d'une quantité catalytique de différents acides

Produit	Conditions réactionnelles	$v_{C=O}$ à 1780 cm^{-1}	$v_{C=O}$ à 1735cm^{-1}
-	Acide paratoluenesulfonique (0,1 éq) ,100°C, 24 h	Pas d'évolution	Non observée
-	Chlorure de zinc (0,1 éq), 100°C, 24 h	Pas d'évolution	Non observée
-	Acide acétique (0,1 éq), 100°C, 24 h	Pas d'évolution	Non observée

Quel que soit l'acide utilisé, aucune évolution notable du spectre IR du carbonate de glycérol n'a pu être notée après 24 heures à 100°C. Des températures plus élevées n'ont pas été testées du fait de l'incompatibilité du milieu acide avec les polysaccharides constitutifs du bois qui se dégradent en milieu trop acide.

La polymérisation du carbonate de glycérol est difficile à mettre en œuvre dans des conditions douces et ne permet pas d'envisager facilement la formation d'un composite bois polymère après imprégnation du carbonate de glycérol dans le bois. La température de décarboxylation du carbonate de glycérol par chauffage classique pour donner du glycidol est également trop élevée afin d'envisager la formation et la polymérisation de ce dernier *in situ* dans le bois. Seules les réactions effectuées sous activation micro-ondes semblent présenter un intérêt pour le type d'application recherché. De plus, le carbonate de glycérol étant relativement inerte vis à vis des alcools, ne permet pas de réaliser des réactions de greffage avec les groupements hydroxyle du bois ou une formation de polycarbonates.

Devant les difficultés rencontrées pour trouver des conditions suffisamment douces et envisager la polymérisation du carbonate de glycérol *in situ* dans le bois, nous nous sommes orienté vers une autre approche faisant appel à la formation de polyuréthanes à partir de carbonates cycliques.

En effet, différents travaux récemment publiés rapportent la formation de liaisons uréthanes sans avoir recours à l'utilisation d'isocyanates en utilisant des carbonates cycliques (figure 47).

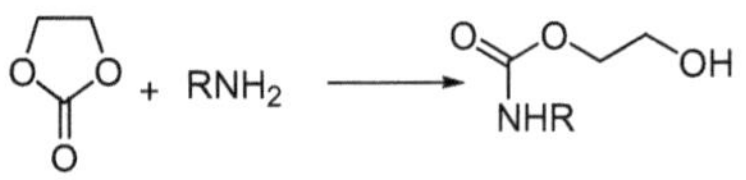

Figure 47. Formation de liaison uréthane à partir de carbonate cyclique

Lorsque que la réaction est effectuée avec un dicarbonate et une diamine, il est possible d'obtenir un polyuréthane. De plus, le carbonate de glycérol est rapporté pour réagir aisément avec les amines primaires dans des conditions douces comprises entre la température ambiante et 80°C[87,88]. Il semble ainsi possible d'accéder très facilement à toute une gamme de nouveaux produits de traitement du bois.

III.1.3. Méthodes basées sur la formation d'un polyuréthane

Les différentes voies d'accès aux polyuréthanes en utilisant des carbonates cycliques ont été exposées dans la partie bibliographique (II.5.3). Notre travail s'est orienté vers la synthèse de di ou polycarbonates cycliques obtenus à partir du carbonate de glycérol ou de polyglycérol. Ces derniers sont capables de réagir avec différentes diamines après imprégnation dans le bois permettant ainsi la formation de polyuréthanes sans recourir à l'utilisation d'isocyanates. Ces traitements devront pouvoir être utilisés dans les conditions habituelles de traitement du bois, c'est-à-dire, impliquant si possible l'utilisation de phases aqueuses et des températures de polymérisation peu élevées.

Trois méthodes peuvent être envisagées, faisant appel au polyglycérol comme produit de départ (figure 48), ou bien au carbonate de glycérol pour préparer des dicarbonates en utilisant un maillon de jonction (figure 49). Ce dernier peut être choisi en fonction des propriétés désirées pour le produit final. Ainsi, un module de jonction hydrophile permet d'obtenir des dicarbonates solubles dans l'eau facilitant les traitements en phase aqueuse, alors qu'un module de jonction hydrophobe conduit plutôt à des produits utilisables en phase solvant.

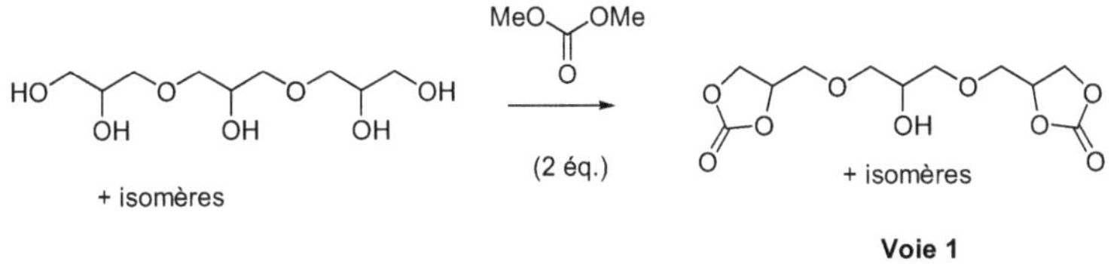

Figure 48. Synthèse de di ou polycarbonates cycliques à partir de polyglycérol PG3

---

[87] A. Steblyanko, W. Choi, F. Sanda, T. Endo, (2000). Addition of five-membered cyclic carbonate with amine and its application to polymer synthesis. *Polymer, 38, (13), 2375–2380*

[88] A. Behr, J. Eilting, K. Irwadi, (2008). Improved utilisation of renewable resources: New important derivatives of glycerol. *Green Chem, 10, (1) , 13–30*

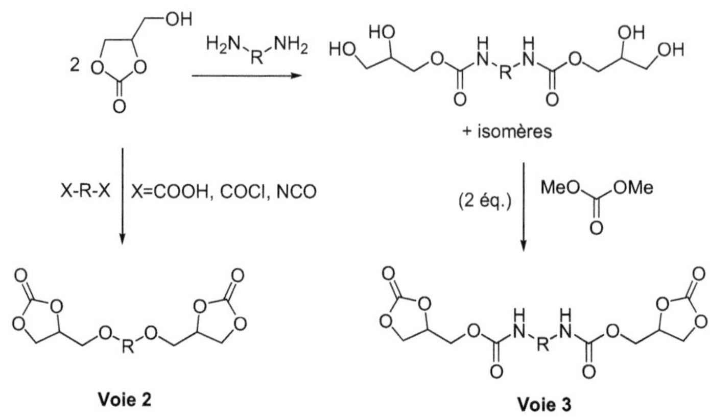

Figure 49. Synthèse de dicarbonates cycliques à partir du carbonate de glycérol

En fonction de la méthode envisagée, les produits obtenus peuvent présenter différentes caractéristiques. La voie 1 utilisant du polyglycérol comme produit de départ conduit à un mélange d'isomères, ces derniers devraient toujours posséder des groupements hydroxyle libre permettant d'augmenter la solubilité dans l'eau. La voie 2 utilisant le carbonate de glycérol conduit à des produits qui, contrairement au cas précédent, présentent une structure bien définie et une solubilité dans l'eau relativement faible du fait de la nature du motif R constitué d'unités méthylène. La voie 3 mettant en jeu une réaction en deux étapes conduit à un mélange d'isomères correspondant à la formation du motif carbamate sur le carbone 1 ou 2 du carbonate de glycérol.

L'intérêt de ces différentes voies est non seulement d'utiliser des produits moins toxiques que les isocyanates généralement utilisés dans la synthèse des polyuréthanes, mais aussi de valoriser le glycérol qui est un sous-produit de l'industrie du diester. En outre, le polyglycérol et le carbonate de diméthyle tous les deux sont identifiés en tant que produits chimiques « verts » issus de matières premières renouvelables laissant envisager de nombreux avantages environnementaux[89,90].

---

[89] M. Selva, A. Perosa, (2008). Green chemistry metrics: A comparative evaluation of dimethyl carbonate, methyl iodide, dimethyl sulfate and methanol as methylating agents. *Green Chem, 10, (4), 457-464*
[90] A. Behr, J. Eilting, K. Irawadi, J. Leschinski, F. Lindner, (2008). New chemical products on the basis of glycerol. *Chimica Oggi, 26 (1), 32-36*

III.1.3.1. Synthèse de polyuréthane à partir de la voie 1

La première voie que nous avons explorée concerne la synthèse de polycarbonates cycliques obtenus à partir de polyglycérol. Le polyglycérol utilisé est un PG3 fourni par *Novance* correspondant à un triglycérol moyen obtenu à partir de glycérine par polyéthérification en milieu basique. C'est un mélange de différents oligomères, dont du PG2, du PG3, du PG4, et du PG5, ainsi que des PG6, PG7, PG8, PG9 et PG10 en quantités plus ou moins importantes. La présence de petites quantités de produit cyclique peut également être décelée (figure 50).

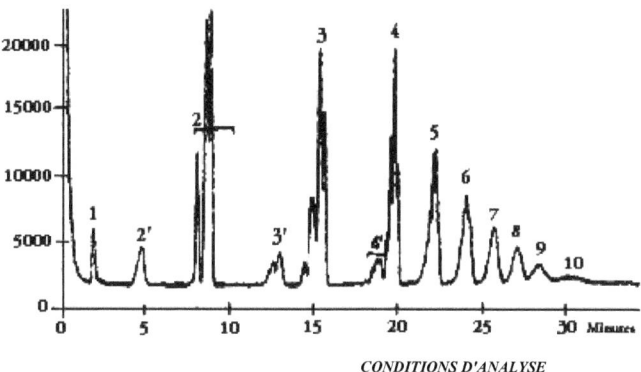

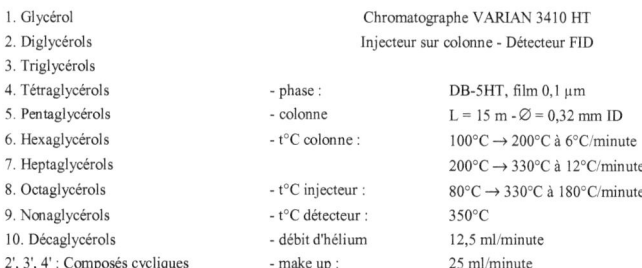

CONDITIONS D'ANALYSE

1. Glycérol	Chromatographe VARIAN 3410 HT
2. Diglycérols	Injecteur sur colonne - Détecteur FID
3. Triglycérols	
4. Tétraglycérols	- phase : DB-5HT, film 0,1 µm
5. Pentaglycérols	- colonne L = 15 m - Ø = 0,32 mm ID
6. Hexaglycérols	- t°C colonne : 100°C → 200°C à 6°C/minute
7. Heptaglycérols	200°C → 330°C à 12°C/minute
8. Octaglycérols	- t°C injecteur : 80°C → 330°C à 180°C/minute
9. Nonaglycérols	- t°C détecteur : 350°C
10. Décaglycérols	- débit d'hélium 12,5 ml/minute
2', 3', 4' : Composés cycliques	- make up : 25 ml/minute

Figure 50. Détermination de la composition du PG3 par chromatographie en phase gazeuse

Ainsi, sur la base d'un triglycérol, on peut écrire différents isomères correspondant à des structures linéaires, ramifiées ou cycliques (figure 51).

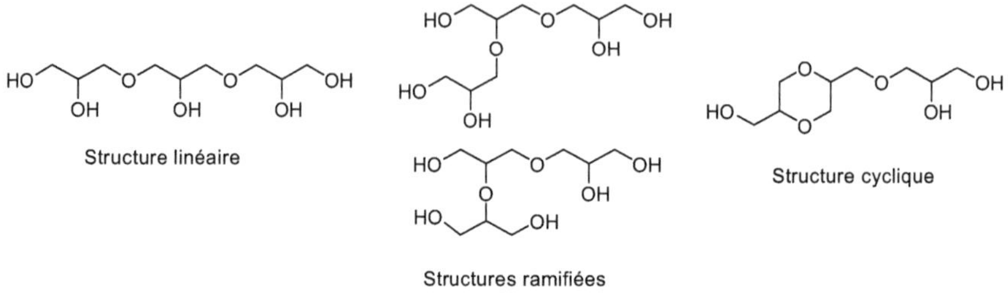

Figure 51. Différents isomères possibles sur la base d'un triglycérol

Pour des raisons de simplification d'écriture, nous considèrerons par la suite une structure modèle basée sur un PG3 linéaire, qui est bien évidemment simplifiée par rapport au produit réel.

La synthèse du polycarbonate cyclique de PG3 a été réalisée selon une méthode décrite dans la littérature[91] consistant à faire réagir le glycérol avec du carbonate de diméthyle (CDM) en présence d'une quantité catalytique de carbonate de potassium. Cette méthode présente deux avantages : elle ne nécessite pas de solvant et l'étape de purification consiste simplement en une distillation à 40°C sous pression réduite pour éliminer le carbonate de diméthyle en excès ou non ainsi que le méthanol formé au cours de la réaction.

III.1.3.1.1. Réactivité du PG3 avec le carbonate de diméthyle

Nous avons appliqué cette méthode au PG3 en étudiant notamment l'influence de la stœchiométrie en carbonate de diméthyle et de la température de réaction sur la formation de carbonates cycliques ou acycliques (figure 52).

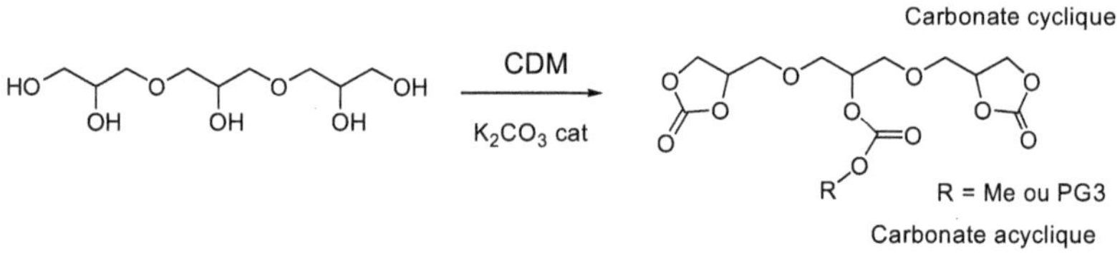

Figure 52. Compétition entre la formation du carbonate cyclique et acyclique

---

[91] G. Rokicki, P. Rakoczy, P. Parzuchowski, M. Sobiecki, (2005). Hyperbranched aliphatic polyethers obtained envirmmentally benign monomer: glycerol carbonate. *Green Chem, 7, 529-539*

D'un point de vue thermodynamique, la formation du carbonate cyclique en bout de chaîne impliquant la réaction du diol 1,2 avec le carbonate de diméthyle est favorisée et devrait de ce fait, avoir lieu en priorité avant la formation de carbonate acyclique. Il semble donc possible dans ces conditions d'obtenir sélectivement la formation de polycarbonates cycliques sans toucher aux fonctions alcool présentes en milieu de la chaîne (figure 53).

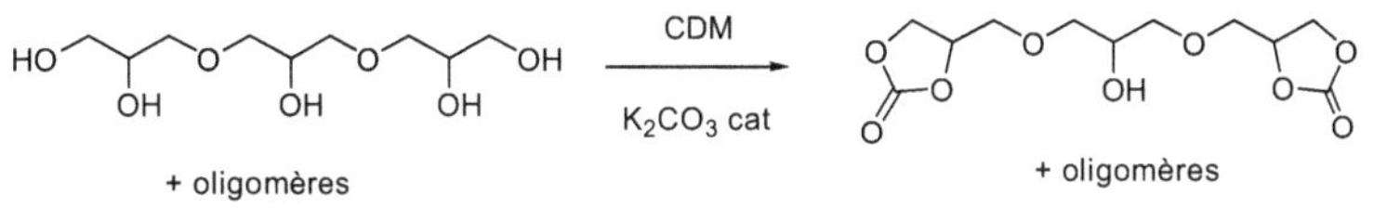

Figure 53. Formation sélective du carbonate cyclique

Les produits ainsi obtenus devraient être solubles dans l'eau du fait de la présence de fonction alcool résiduel permettant d'envisager des traitements en phase aqueuse.

Le PG3 a été mis au contact de différentes quantités de CDM (1, 2, 3 et 10 équivalents en moles) à 70°C sans solvant en présence d'une quantité catalytique de carbonate de potassium. L'effet de la quantité de CDM sur la nature du produit formé a été évalué en utilisant différentes techniques spectroscopiques (IR, RMN ^{1}H et RMN ^{13}C). Les résultats sont rapportés dans les figures 54, 55 et 56.

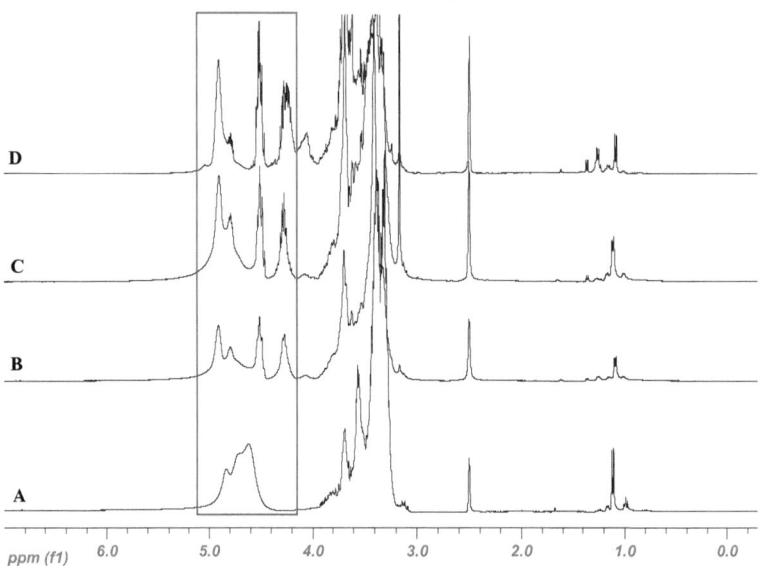

Figure 54. RMN ^{1}H (DMSO d$_6$) du produit de réaction entre le PG3 et différentes quantités de CDM, (A) le PG3, (B) PG3 avec 1équivalent de CDM, (C) PG3 avec 3 équivalents de CDM, (D) avec 10 équivalents de CDM

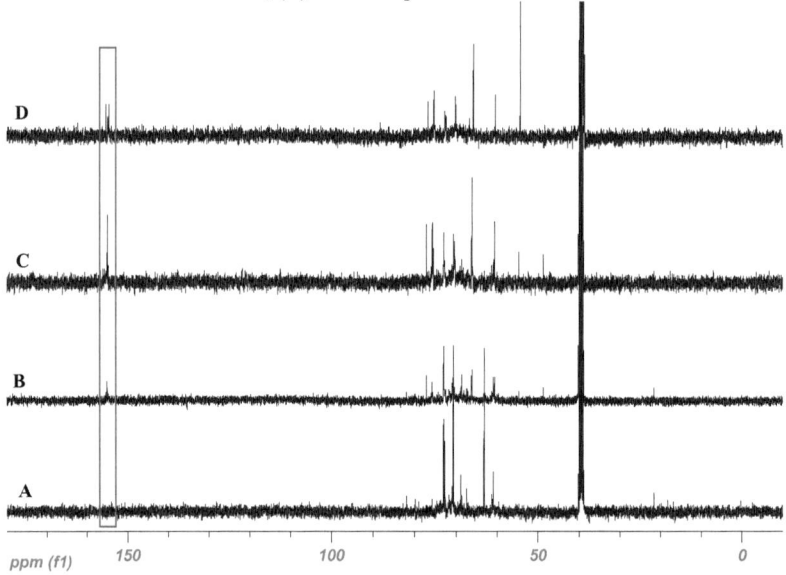

Figure 55. RMN ^{13}C (DMSO d$_6$) du produit de réaction entre le PG3 et différentes quantités de CDM, (A) PG3, (B) PG3 avec 1équivalent de CDM, (C) PG3 avec 3 équivalents de CDM, (D) avec 10 équivalents de CDM

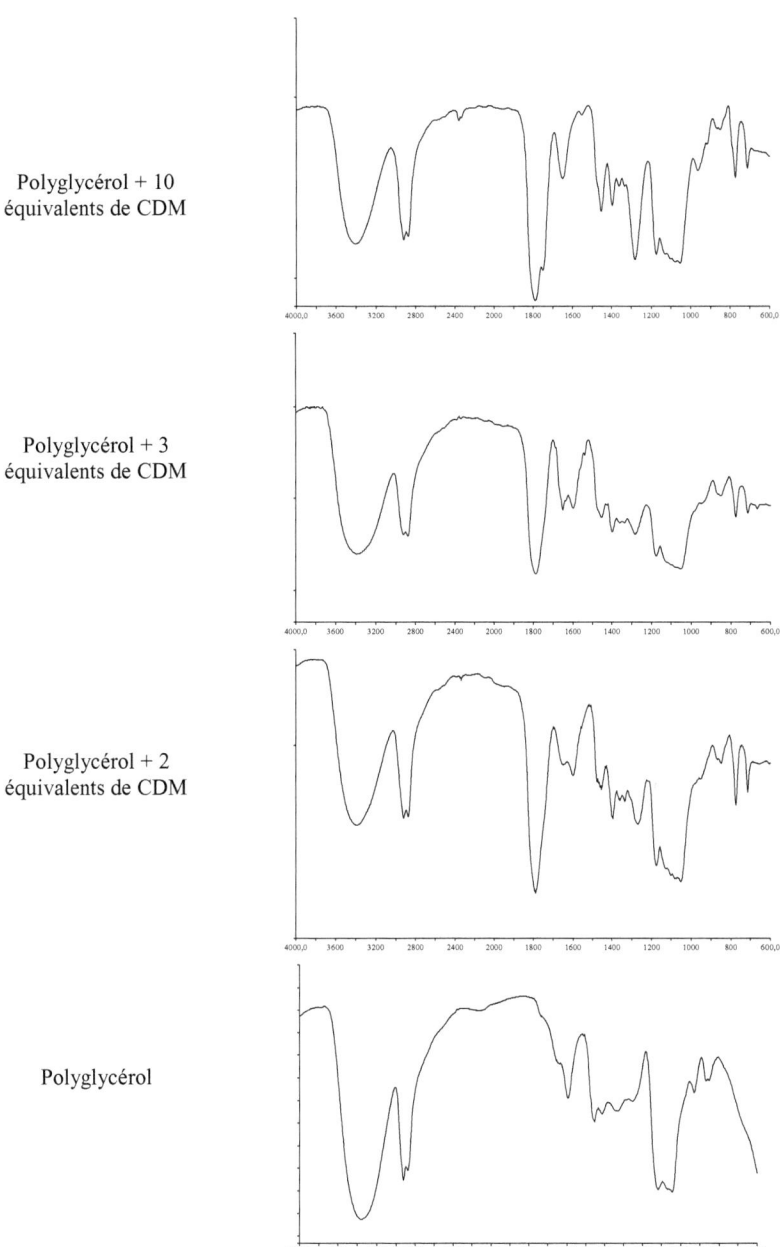

Polyglycérol + 10 équivalents de CDM

Polyglycérol + 3 équivalents de CDM

Polyglycérol + 2 équivalents de CDM

Polyglycérol

Figure 56. Spectres FTIR du produit de réaction entre le PG3 et différentes quantités de CDM

Les analyses RMN indiquent que l'utilisation de 1 à 3 équivalents de CDM conduit exclusivement à la formation de carbonates cycliques. En effet, l'apparition de signaux 4,3, 4,5 et 4,9 ppm en RMN du proton est caractéristique de la formation des motifs carbonate cyclique dans le cas des réactions effectuées avec 1 à 3 équivalents de CDM. L'utilisation de quantités plus importantes de CDM conduit à l'apparition de signaux supplémentaires à 4,1 et 3,4 ppm correspondant à la formation de carbonate acyclique sur les fonctions alcool résiduel. Les mêmes observations peuvent être faites par RMN du carbone, pour lesquelles les spectres obtenus en utilisant 10 équivalents de CDM indiquent la présence de deux groupements carbonyle aux alentours de 155,4 ppm, alors que les réactions menées avec 3 équivalents ou moins de CDM ne présentent qu'un seul signal. Le signal à 55,2 ppm est quant à lui caractéristique du groupement méthyle des carbonates acycliques.

La preuve la plus flagrante de la formation de carbonate cyclique ou acyclique est obtenue par IR. En effet, les spectres des produits obtenus avec 1 à 3 équivalents de CDM ne présentent qu'une bande à 1797 cm^{-1} correspondant à un carbonate cyclique. En durcissant les conditions, une bande de vibration apparaît à 1751 cm^{-1}, indiquant la formation de carbonates acycliques.

A la vue des résultats précédents, il semble que l'utilisation de 2 équivalents de CDM soit suffisante pour obtenir le produit désiré excluant ainsi toute possibilité de formation de carbonate acyclique. Pour la suite de notre travail, nous avons choisi de privilégier l'utilisation du produit précédent correspondant en théorie à un dicarbonate cyclique de triglycérol noté DCPG3. Les caractérisations spectroscopiques réalisées indiquent clairement que la méthode retenue permet de préparer sélectivement le produit désiré.

Le protocole expérimental développé au laboratoire à Nancy a été transposé à l'échelle pré-industrielle chez *Novance*. Ainsi, ce dernier a produit le dicarbonate cyclique de polyglycérol, noté DCPG3', en grande quantité dont les caractéristiques spectrales sont rapportées dans les figures 57 et 58.

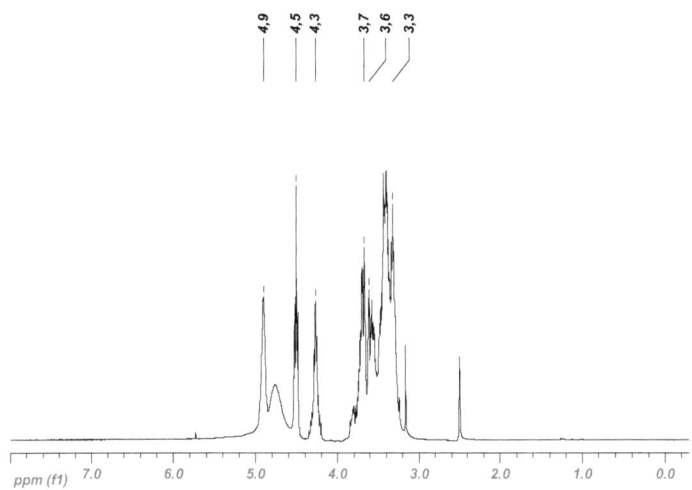

Figure 57. Spectre RMN ^{1}H (DMSO d$_6$) du DCPG3'

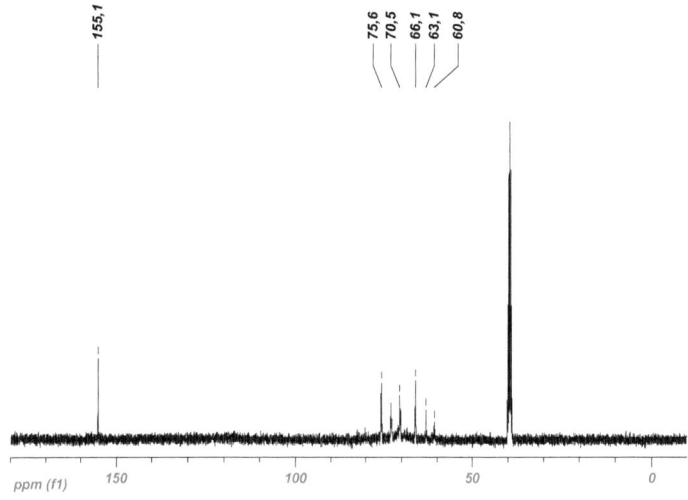

Figure 58. Spectre RMN ^{13}C (DMSO d$_6$) du DCPG3'

Les différentes analyses effectuées indiquent, là aussi, la formation des motifs carbonate cyclique par l'apparition de signaux à 4,3, 4,5 et 4,9 ppm en RMN du proton et à 155,1 ppm en RMN du carbone.

Après la mise au point de la synthèse du carbonate cyclique par cette voie 1 et avant de tester la formation de polyuréthanes par réaction de DCPG3 et d'une diamine dans le bois, nous avons tout d'abord étudié la réactivité de celui-ci vis-à-vis des monoamines.

III.1.3.1.2. Réactivité du DCPG3 avec des monoamines

L'avancement de la réaction est même aussi déterminé par analyse infrarouge du milieu réactionnel, en suivant la disparition de la bande $v_{C=O}$ à 1793 cm^{-1} de la fonction carbonate cyclique du DCPG3 et l'apparition de la bande $v_{C=O}$ à 1704 cm^{-1} de la fonction uréthane.

Le tableau 8 rapporte la réactivité de différentes monoamines utilisées en quantité stoechiométrique.

Tableau 8. Réactivité du DCPG3 (4g) avec différentes monoamines

Conditions réactionnelles	$v_{C=O}$ à 1793 cm^{-1}	$v_{C=O}$ à 1704 cm^{-1}
BuNH$_2$ (2 éq), 100°C, 1 h	Disparition	Apparition
BuNH$_2$ (2 éq), 80°C, 1 h	Disparition	Apparition
BuNH$_2$ (2 éq), 50°C, 1 h	Disparition	Apparition
CH$_3$(CH$_2$)$_9$NH$_2$ (2 éq), 50°C, 1 h	Disparition	Apparition
CH$_3$(CH$_2$)$_{11}$NH$_2$ (2 éq), 50°C, 1 h	Disparition	Apparition

En l'absence de solvant, les amines réagissent très rapidement avec la fonction carbonate cyclique pour conduire à la formation du carbamate attendu.

Toutefois, de par la nature poly-disperse du PG3 de départ, il nous a paru nécessaire de mieux caractériser les produits obtenus en déterminant plus précisément le taux de modification réelle pour pouvoir entreprendre les réactions ultérieures dans le meilleur contrôle possible.

III.1.3.1.3. Quantification du taux de fonctionnalisation du DCPG3

Etant donné que le PG3 utilisé est un mélange de plusieurs composés, il est important de déterminer le nombre de motifs de carbonate cyclique formés au cours de la réaction de cyclisation du PG3 avec le carbonate de diméthyle afin de déterminer le nombre d'équivalents d'amines nécessaires pour assurer une bonne polymérisation avec le DCPG3. Pour cela nous avons utilisé la butylamine comme modèle (figure 59).

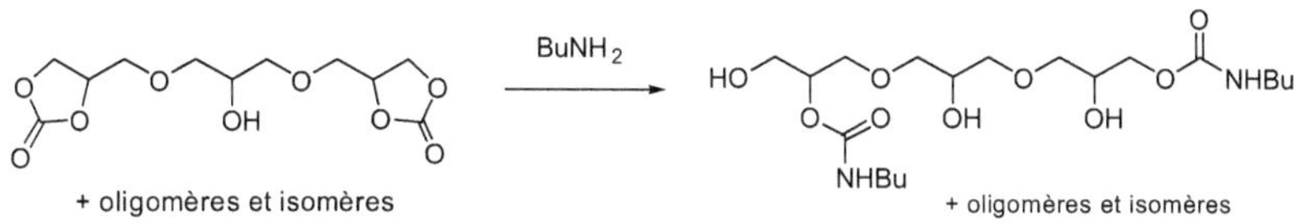

Figure 59. Réaction du DCPG3 avec la butylamine

A partir des réactions menées avec différentes quantités de butylamine et des spectres RMN des produits correspondants, nous avons utilisé deux méthodes pour faire l'estimation de la quantité de motifs carbonate cyclique initialement présente dans le produit.

- La première consiste à mesurer le gain de masse après réaction du DCPG3 avec la butylamine en prenant soin de bien évaporer l'amine résiduelle qui n'a pas réagi.
- La seconde repose sur l'analyse des spectres RMN des produits obtenus avec différentes quantités de butylamine.

a) Méthode par pesée

Le DCPG3 (masse molaire moyenne = 294 g/mole) obtenu en faisant réagir le PG3 avec 2 équivalents de CDM a été mis au contact de différentes quantités de butylamine. L'avancement de la réaction a été suivi par IR en se basant sur les bandes à 1793 cm^{-1} et 1704 cm^{-1} caractéristiques respectivement du groupement carbonyle du carbonate cyclique initialement présent dans le DCPG3 et du carbamate formé dans le produit d'arrivé. Les résultats obtenus sont rapportés dans le tableau 9.

Tableau 9. Détermination du taux de motifs carbonate cyclique présent dans le DCPG3

DCPG3 (g/mmoles)	Butylamine (g/mmoles)	Masse finale (g)	$v_{C=O}$ à 1793 cm^{-1}	$v_{C=O}$ à 1704 cm^{-1}	Nombre de motifs carbonates (méq./g)
2 / 6,8	0,27 / 3,7	2,25	Diminution	Apparition	1,7
2 / 6,8	0,36 / 4,9	2,31	Diminution	Apparition	2,1
2 / 6,8	0,54 / 7,4	2,43	Diminution	Apparition	2,9
2 / 6,8	0,64 / 8,7	2,67	Diminution	Apparition	4,6
2 / 6,8	0,81 / 11,1	2,75	Disparition	Apparition	5,1
2 / 6,8	1,09 / 14,9	2,86	Disparition	Apparition	5,8
2 / 6,8	2 / 27,4	2,85	Disparition	Apparition	5,8

L'analyse des résultats obtenus indique clairement que le taux de fonctionnalisation du DCPG3 se situe aux alentours de 5,8 milliéquivalents par gramme. Cette valeur est atteinte pour un nombre de moles de butylamine compris entre 11,1 et 14,9 mmoles. Si on rapporte ce résultat en nombre d'équivalents par rapport au DCPG3 initialement envisagé, cela revient à situer le taux de fonctionnalisation du DCPG3 entre 1,6 et 2,2 équivalents.

Pour affiner cette estimation, nous avons utilisé une seconde méthode basée sur l'analyse RMN des spectres des produits obtenus.

b) Méthode par RMN

Cette méthode, basée sur l'analyse des spectres RMN, consiste à calculer le rapport de l'intégration des signaux correspondant au pic à 4,5 ppm relatif au groupement méthyle (I_{CH2}) du carbonate cyclique du DCPG3 sur l'intégration du pic à 2,9 ppm relatif aux groupements méthylène ($I_{CH2-NH2}$) du carbone α de la butylamine (figure 60).

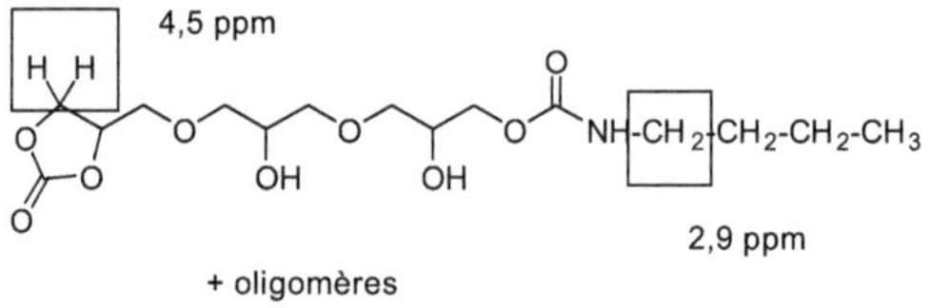

Figure 60. Signaux *RMN* utilisés pour déterminer le taux de fonctionnalisation

Les spectres RMN des réactions menées avec différentes quantités de butylamine sont rapportés dans la figure 61.

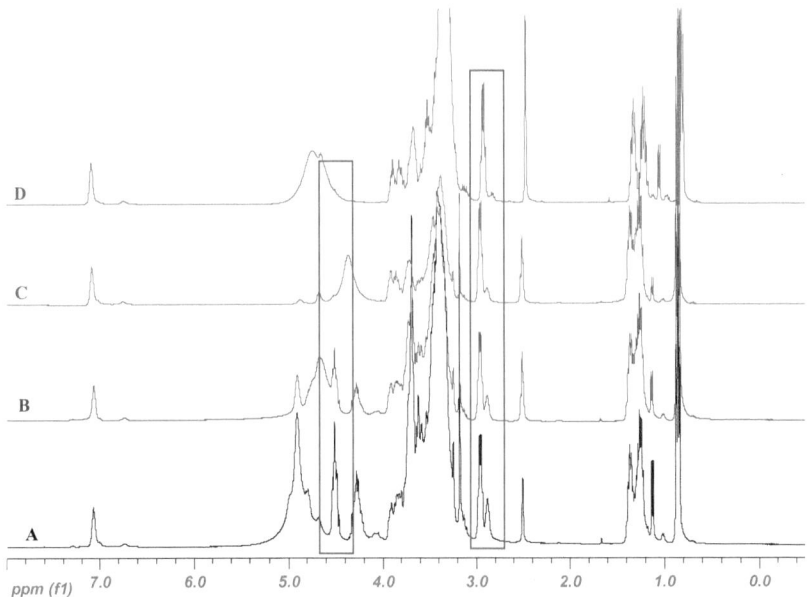

Figure 61. Spectres RMN ^{1}H (DMSO d_6) du produit de réaction du DCPG3 (2g) avec différentes quantités de butylamine (A) 0,27 g, (B) 0,54 g, (C) 0,81 g, (D) 2 g

A partir de ces analyses, nous avons alors tracé une courbe donnant le rapport d'intégration $I_{CH2}/I_{CH2-NH2}$ par rapport à la masse de butylamine utilisée (figure 62)

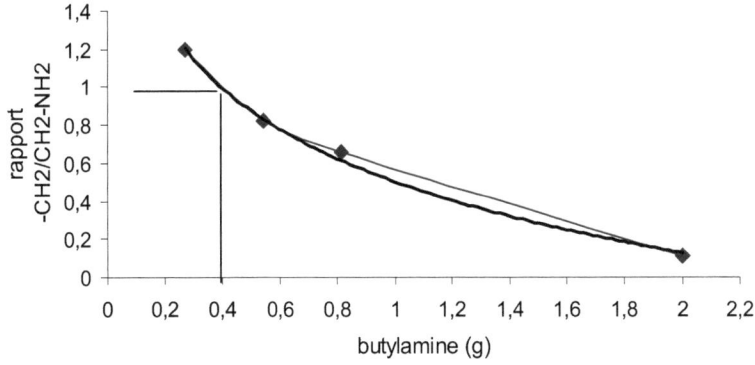

Figure 62. Evolution du rapport d'intégration $I_{CH2}/I_{CH2-NH2}$ en fonction de la masse de butylamine utilisée

A la demi équivalence, le rapport d'intégration $I_{CH2}/I_{CH2-NH2}$ doit être égal à 1 puisque la quantité de butylamine ajoutée doit être égale à la moitié de la quantité du nombre de fonctions carbonate cyclique initialement présentes dans le produit. Il est ainsi possible de déterminer la quantité de fonctions carbonate réellement présentes dans le DCPG3.

Pour un rapport de 1, on trouve une quantité d'amine égale à 0,38 g pour atteindre la demi-équivalence. Il faut donc le double de cette quantité pour neutraliser toutes les fonctions carbonate présentes dans les deux grammes de DCPG3 utilisé initialement. Il est alors possible de convertir cette valeur en milliéquivalent de fonction carbonate par gramme de DCPG3. Dans ces conditions, la valeur obtenue est de 5,2 méq/g. Si on compare cette valeur à la valeur théorique sur la base d'un dicarbonate de PG3, on s'aperçoit que le produit synthétisé présente un taux de fonctionnalisation légèrement inférieur à la valeur théorique. En effet le taux de substitution du PG3 est plus proche de 1,5 que de 2.

III.1.3.1.4. Quantification du taux de fonctionnalisation du DCPG3'

Pour pouvoir entreprendre les réactions dans les meilleures conditions possibles en utilisant du DCPG3' synthétisé par *Novance*, le taux de modification réel de ce dernier est déterminé de la même façon que celle décrite dans le paragraphe précédent.

a) Méthode par pesée

Le DCPG3' a été mis au contact de différentes quantités de butylamine. L'avancement de la réaction a été suivi par IR en se basant toujours sur les bandes à 1793 et 1704 cm^{-1} caractéristiques respectivement du groupement carbonyle du carbonate cyclique initialement présent dans le DCPG3' et du carbamate formé dans le produit d'arrivée. Les résultats obtenus sont rapportés dans le tableau 10.

Tableau 10. Détermination du taux de motifs carbonate cyclique présents dans le DCPG3'

DCPG3 (g/mmoles)	Butylamine (g/mmoles)	Masse finale (g)	$\nu_{C=O}$ à 1793 cm^{-1}	$\nu_{C=O}$ à 1704 cm^{-1}	Nombre de motifs carbonate (méq./g)
2 / 6,8	0,50 / 6,8	2,43	Diminution	Apparition	2,9
2 / 6,8	0,73 / 9,9	2,65	Diminution	Apparition	4,4
2 / 6,8	1,09 / 14,9	2,88	Disparition	Apparition	6,0
2 / 6,8	1,47 / 20,1	2,90	Disparition	Apparition	6,1
2 / 6,8	2,03 / 27,7	2,89	Disparition	Apparition	6,0

Le taux de fonctionnalisation du DCPG3' obtenu se situe aux alentours de 6 milliéquivalents par gramme. Cette valeur est atteinte pour un nombre de moles de butylamine compris entre 14,9 et 20,1 mmoles. Si on rapporte ce résultat en nombre d'équivalents par rapport au DCPG3' initialement envisagé, cela revient à situer le taux de fonctionnalisation du DCPG3' entre 1,6 et 2,2 équivalents.

b) Méthode par RMN

Nous avons également calculé le rapport d'intégration $I_{CH2}/ I_{CH2-NH2}$ par rapport à la masse de butylamine utilisée de la même façon décrite précédemment. A la demi équivalence, le rapport d'intégration $I_{CH2}/ I_{CH2-NH2}$ étant égal à 1, on trouve une quantité d'amine égale cette fois ci à 0,42 g. Il faut donc le double de cette quantité pour neutraliser toutes les fonctions carbonate présentes dans les deux grammes de DCPG3' utilisé initialement c'est-à-dire 5,7 méq./g en milliéquivalents de fonctions carbonate par gramme de DCPG3'. En effet, le taux de substitution du PG3 est plus proche de 1,7 que de 2 équivalents. Le DCPG3' présente donc un taux de substitution presque similaire au DCPG3 produit au laboratoire.

III.1.3.1.5. Stabilité du DCPG3

L'utilisation du DCPG3 en phase aqueuse comme agent de traitement du bois est conditionnée par la stabilité du produit dans l'eau. Par ailleurs, l'emploi de phase aqueuse ne doit pas perturber la réaction de l'amine avec le DCPG3.

Dans ce contexte, nous avons étudié la stabilité du DCPG3 dans l'eau (figure 63). Pour cela, nous avons préparé une solution de DCPG3 à 30% avec de l'eau lourde dans un tube RMN et vérifié la stabilité du produit après chauffage à 50°C.

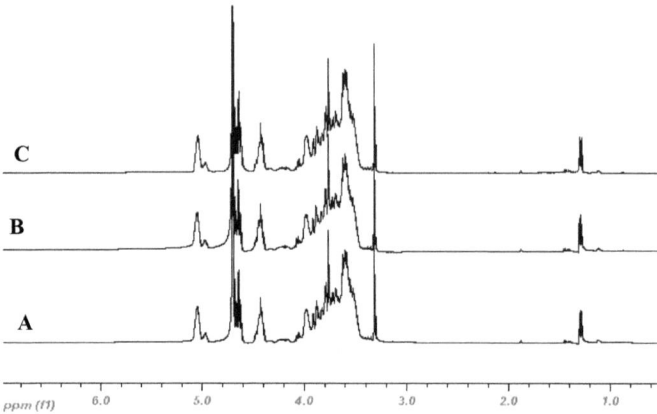

Figure 63. Spectres RMN ^{1}H du DCPG3 dans D$_2$O, (A) référence, (b) après chauffage à
50°C pendant 30 min, (c) après chauffage à 50°C pendant 1 h 30 min

La similitude des spectres RMN montre que le DCPG3 ne subit aucune hydrolyse durant son chauffage à 50°C dans l'eau ce qui permet d'envisager l'utilisation de phases aqueuses pour traiter le bois. Parallèlement à ces essais, nous avons également laissé vieillir le tube RMN à température ambiante durant plusieurs semaines. Ici aussi, aucune modification notable des signaux du spectre RMN n'a pu être détectée.

Le traitement consistant en une imprégnation avec une solution de DCPG3 suivie d'une phase de séchage, puis d'une imprégnation avec une solution d'amine, elle-même suivie d'une étape de séchage au cours de laquelle la réaction de polymérisation par polycondensation doit s'effectuer, nous avons également vérifié que la phase aqueuse n'interférait pas avec la réaction de condensation des amines sur le DCPG3. En effet, la fonction carbonate est susceptible de s'hydrolyser en milieu basique et il est donc important de vérifier que les amines sont suffisamment réactives pour réagir sur la fonction carbonate avant que cette dernière ne s'hydrolyse. La figure 64 présente les spectres RMN des produits obtenus suite à la réaction du DCPG3 avec la butylamine en présence d'eau ou non.

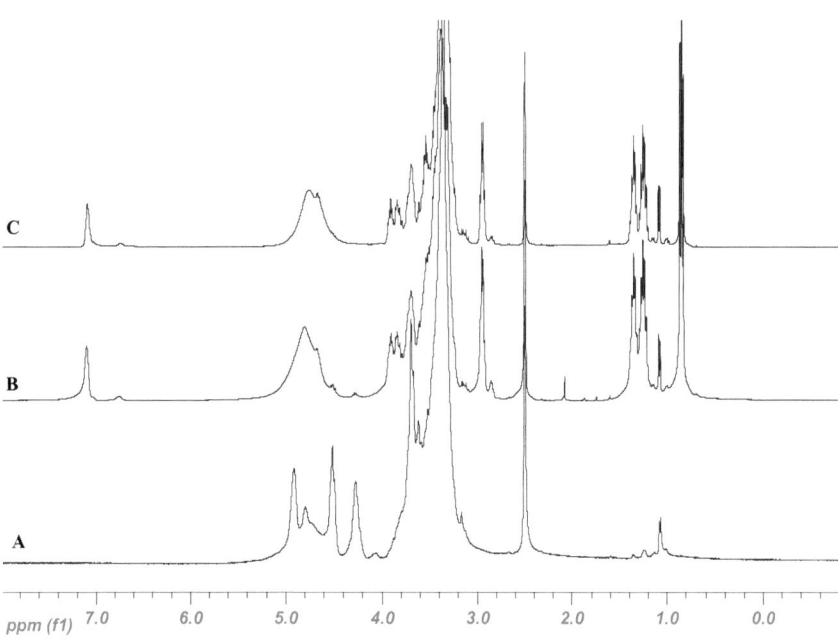

ppm (f1)   7.0   6.0   5.0   4.0   3.0   2.0   1.0   0.0

Figure 64. Spectre RMN ^{1}H dans le DMSO d-6 du produit de réaction du DCPG3 avec la
butylamine. (A) DCPG3, (B) DCPG3 + butylamine, (C) DCPG3 + butylamine
dans l'eau

L'analyse des spectres RMN montre que les produits obtenus en présence ou non
d'eau sont totalement identiques, indiquant que l'amine est suffisamment réactive pour réagir
en présence d'un excès d'eau. La formation du polyuréthane peut être envisagée en phase
aqueuse permettant d'éviter l'emploi de solvants organiques générateurs de COV.

Par la suite nous avons également étudié la stabilité thermique du DCPG3 chauffé
seul à différentes températures pendant 20 h (figure 65). La stabilité du DCPG3 est à nouveau
évaluée par spectroscopie IR en se basant sur les signaux à 1793 cm^{-1} de la fonction
carbonate cyclique du DCPG3.

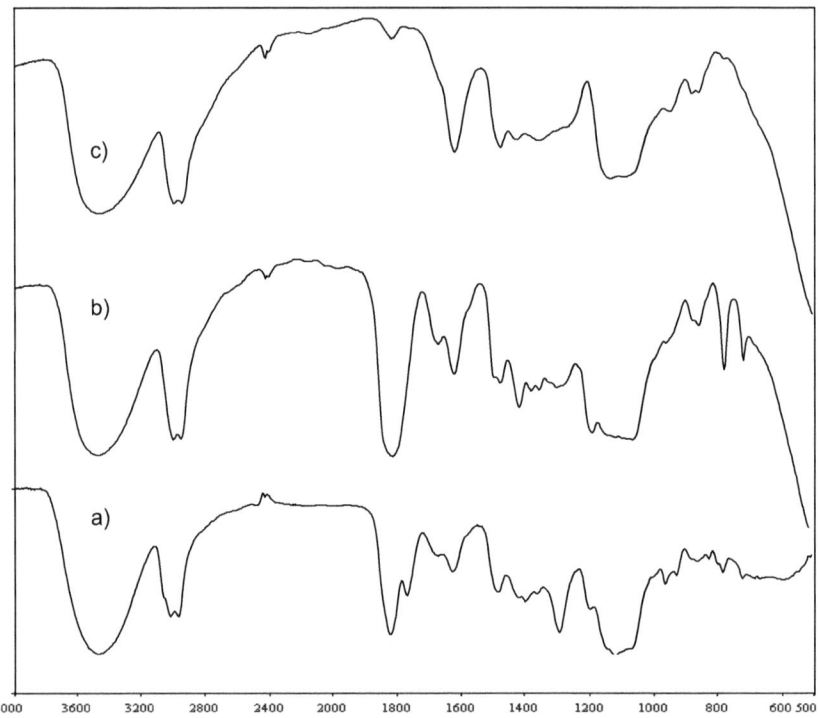

Figure 65. Stabilité thermique du DCPG3 (a) DCPG3 de référence, (b) DCPG3 chauffé à 100°C, (c) DCPG3 chauffé à 140°C

On observe une dégradation rapide du produit lorsque que ce dernier est chauffé à 140°C. Un point intéressant à noter concerne la moindre stabilité des fonctions carbonate acyclique comparativement aux fonctions carbonate cyclique qui résistent mieux au chauffage comme l'atteste la disparition de la bande à 1740 cm^{-1} dans le spectre (b), alors que la bande à 1790 cm^{-1} est toujours présente. Cette différence de réactivité permet d'envisager une méthode de purification du carbonate cyclique en présence de traces de carbonate acyclique.

III.1.3.1.6. Synthèse du carbonate cyclique du DCPG10

En s'appuyant sur les résultats obtenus précédemment, il a également été possible de synthétiser un carbonate cyclique de PG10 dont les caractéristiques spectrales sont rapportées dans les figures 66 et 67.

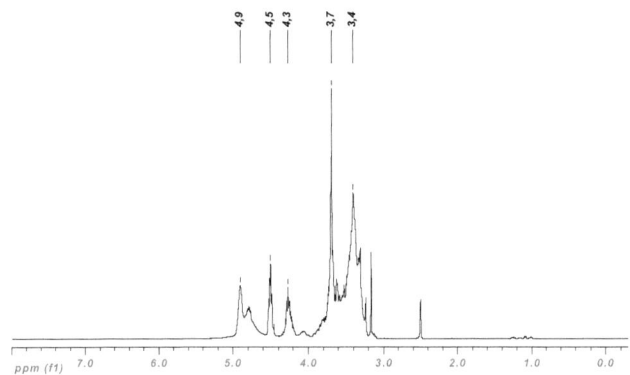

Figure 66. Spectre RMN ^{1}H (DMSO d$_6$) du DCPG10

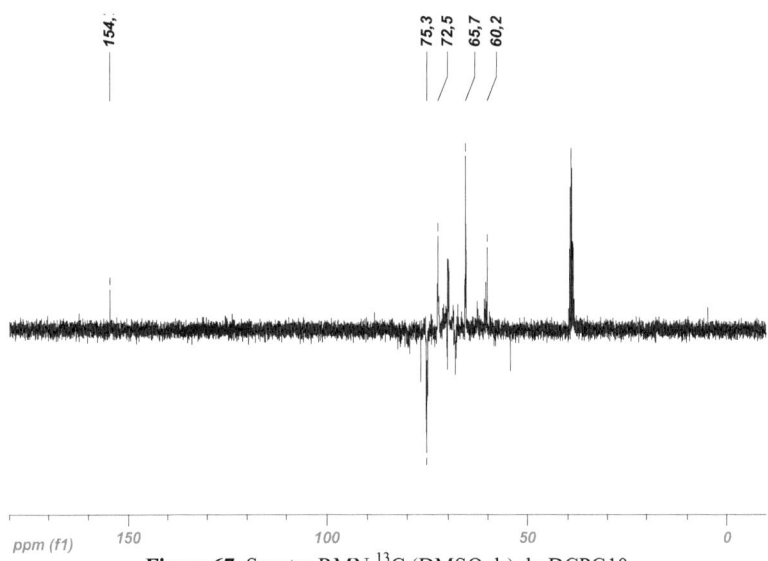

Figure 67. Spectre RMN ^{13}C (DMSO d$_6$) du DCPG10

Les différentes analyses effectuées indiquent là aussi la formation des motifs carbonate cyclique par l'apparition de signaux à 4,3, 4,5 et 4,9 ppm en RMN du proton et du signal à 154,6 ppm en RMN du carbone.

III.1.3.1.7. Synthèse de polyuréthane à partir du DCPG3

Différentes diamines comme l'éthylènediamine, la butylènediamine, l'hexanediamine, la lysine monohydrate, une triamine : la diéthylènetriamine et une tétramine : la tris(2-aminoethyl)amine ont été envisagées pour former le polyuréthane (figure 68). La différence majeure entre ces différentes amines concerne leur solubilité ou non dans l'eau.

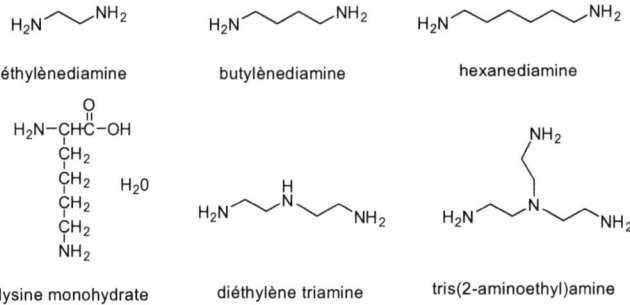

Figure 68. Différentes diamines, triamines et tétramines utilisées

Nous avons étudié la réactivité du DCPG3 avec ces différentes amines. Le tableau 11 présente les résultats obtenus en utilisant des conditions opératoires différentes, l'évolution de la réaction étant caractérisée par spectroscopie IR en nous basant toujours sur les signaux à 1793 cm^{-1} caractéristique du carbonyle du carbonate cyclique et à 1704 cm^{-1} caractéristique du carbamate.

Tableau 11. Réactivité du DCPG3 modifié (2 g) avec différentes diamines.

Conditions réactionnelles	$v_{C=O}$ à 1793 cm^{-1}	$v_{C=O}$ à 1704 cm^{-1}
Ethylènediamine (0,8 éq.), 60°C, 1 h	Disparition	Apparition
Butylènediamine (0,8 éq.), 60°C, 1 h	Disparition	Apparition
Hexanediamine (0,8 éq.), 60°C, 1 h	Disparition	Apparition
Diéthylène triamine (0,8 éq.), 60°C, 1 h	Disparition	Apparition
Lysine monohydrate (0,8 éq.), 60°C, 1 h	Disparition	Apparition
Tris(2-aminoethyl)amine (0,35 éq.), 60°C, 1 h	Disparition	Apparition

Ces différentes amines réagissent avec le DCPG3 d'une façon similaire à la butylamine conduisant aux polyuréthanes attendus. La solubilité de ces derniers dépend de la quantité et de la nature de l'amine utilisée. La présence de groupements hydroxyle libre sur ces derniers leur confère toutefois une certaine solubilité dans l'eau. Les figures 69 à 83 décrivent quelques exemples de spectres RMN de certains polyuréthanes formés. Dans tous les cas, on observe la disparition des signaux caractéristiques des motifs carbonate cyclique.

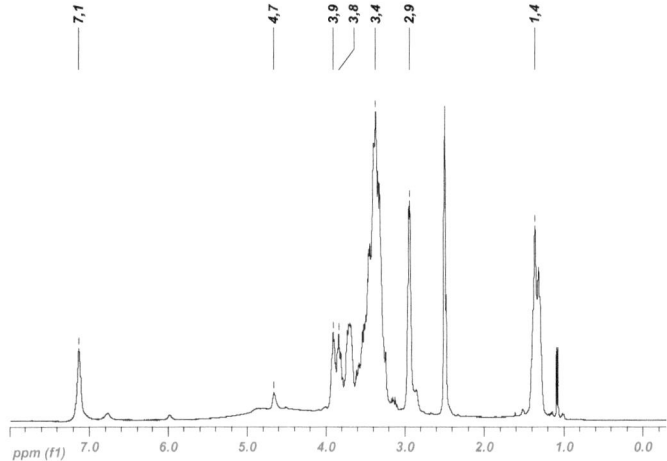

Figure 69. Spectre RMN ^{1}H dans le DMSO d6 du polyuréthane obtenu avec la butylènediamine et le DCPG3

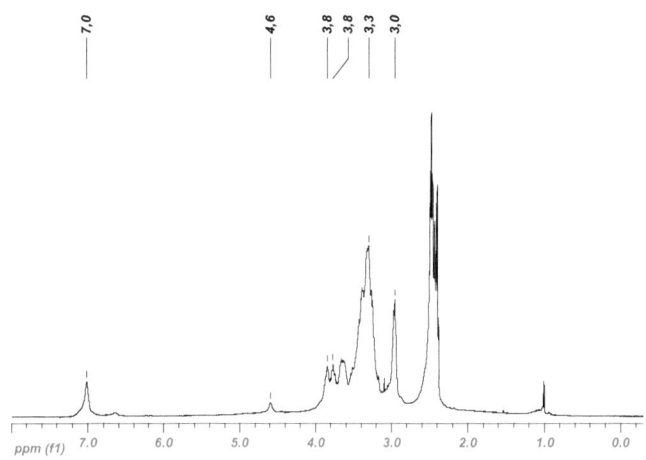

Figure 70. Spectre RMN ^{1}H dans le DMSO d6 du polyuréthane obtenu avec la diéthylènetriamine et le DCPG3

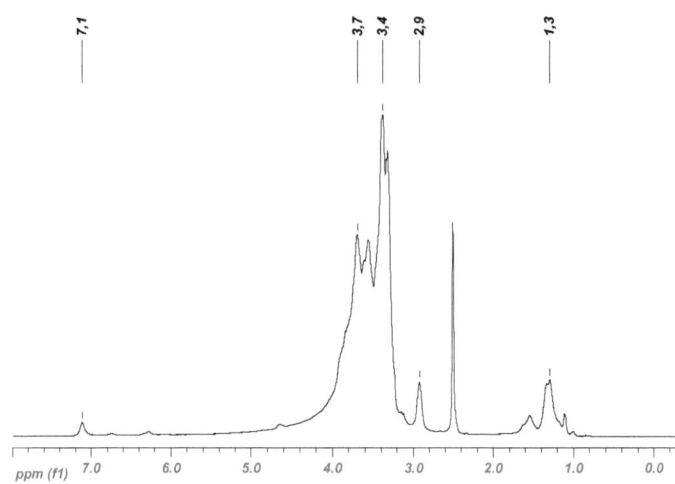

Figure 71. Spectre RMN ¹H dans le DMSO d6 du polyuréthane obtenu avec
la lysine et le DCPG3

Nous avons également effectué des analyses par chromatographie d'exclusion stérique
pour évaluer le degré de polymérisation des polyuréthanes formés avec le DCPG3 et
différentes di- ou triamines (figures 72 à 77).

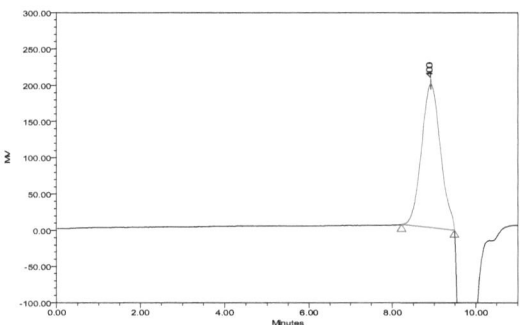

Figure 72. Chromatogramme d'exclusion stérique du DCPG3

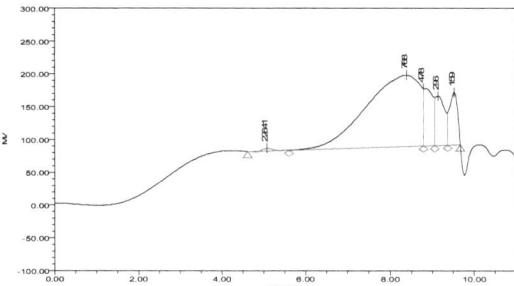

Figure 73. Chromatogramme d'exclusion stérique du polyuréthane
obtenu avec l'éthylènediamine

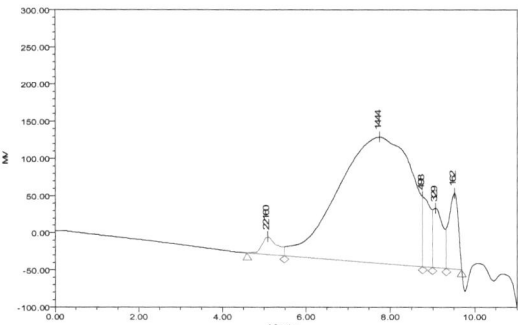

Figure 74. Chromatogramme d'exclusion stérique du polyuréthane
obtenu avec la butylènediamine

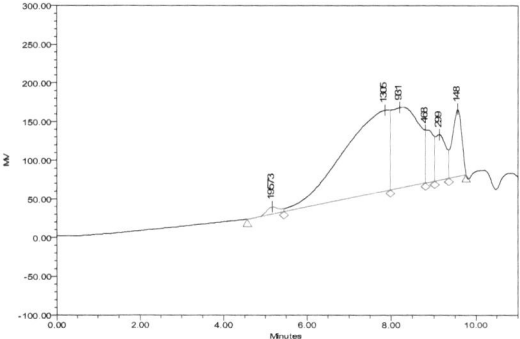

Figure 74. Chromatogramme d'exclusion stérique du polyuréthane
obtenu avec l'hexanediamine

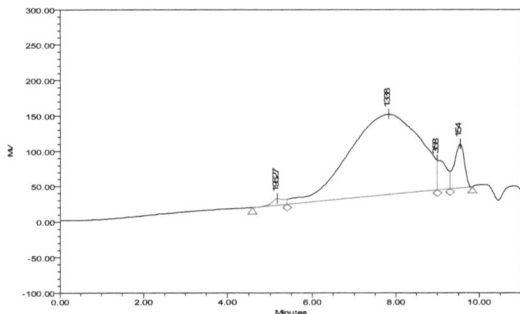

Figure 75. Chromatogramme d'exclusion stérique du polyuréthane
obtenu avec la diéthylènetriamine

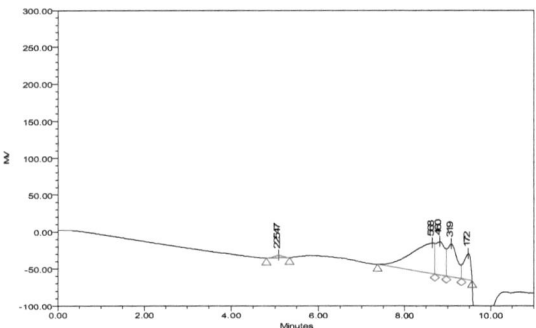

Figure 76. Chromatogramme d'exclusion stérique du polyuréthane
obtenu avec la lysine

Les différents chromatogrammes obtenus confirment la réaction de polycondensation envisagée précédemment. Le degré de polymérisation reste cependant relativement limité comme l'indique les masses moléculaires peu élevées observées. En effet, la masse moyenne du DCPG3 est de l'ordre de 400 g/mole et celle de polyuréthanes obtenus de l'ordre de 1500 gmole^{-1} avec des masses maximales de l'ordre de 2000. Dans tous les cas, les produits présentent une forte polydispersité.

Des analyses ont également été menées sur les polyuréthanes obtenus à partir du carbonate de PG3 fourni par *Novance* (DCPG3'). Les figures 77 à 79 présentent quelques unes des analyses réalisées. Dans tous les cas, on observe un comportement similaire à celui observé pour les polyuréthanes obtenus avec le DCPG3 obtenu au laboratoire, même si la polydispersité du produit de départ n'est pas tout à fait équivalente.

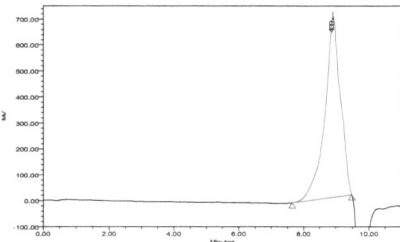

Figure 77. Chromatogramme d'exclusion stérique du DCPG3'

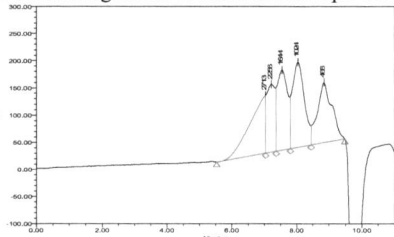

Figure 78. Chromatogramme d'exclusion stérique du polyuréthane
obtenu avec la butylènediamine

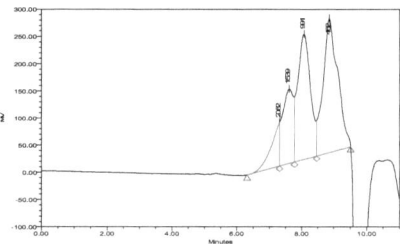

Figure 79. Chromatogramme d'exclusion stérique du polyuréthane
obtenu avec l'hexanediamine

Ces différents résultats confirment la possibilité de former des polyuréthanes sans avoir recours à l'utilisation d'isocyanates constituant une méthode très attrayante dans le cadre du développement de nouvelles méthodes de synthèse moins dangereuses et plus respectueuses de l'environnement. De plus, les produits utilisés sont en grande partie issus de produits d'origine renouvelable comme le PG3[92] ou la lysine. Le carbonate de diméthyle utilisé pour synthétiser le DCPG3 est également un produit peu toxique et peu coûteux[93].

---

[92] A. Behr, J. Eilting, K. Irawadi, J. Leschinski, F. Lindner, (2008). Improved utilisation of renewable resources: New important derivatives of Glycerol. *Green Chem, 10, 13 - 30*
[93] G. Rokiki, P.G. Parzuchowski, M. Kizlinska, (2007). New hyperbranched polyether containing cyclic carbonate groups as a toughening agent for epoxy resin. *Science Direct Polymer, 48, 1857-1865*

L'objectif de former des polyuréthanes sans avoir recours à l'utilisation d'isocyanates a été atteint, permettant ainsi la validation de notre approche. En effet, nous avons pu développer une voie de synthèse non biocide en utilisant des produits de la chimie verte comme du polyglycérol et le carbonate de diméthyle. De même, cette voie présente un avantage de première importance par rapport aux traitements que nous souhaitons développer pour traiter le bois et de pouvoir travailler en phase aqueuse.

III.1.3.2. Synthèse de polyuréthanes à partir de la voie 2

Cette voie consiste à utiliser deux équivalents de carbonate de glycérol comme produit de départ pour préparer des dicarbonates en utilisant un maillon de jonction qui seront ensuite mis au contacte d'une diamine pour former un polyuréthane (figure 80).

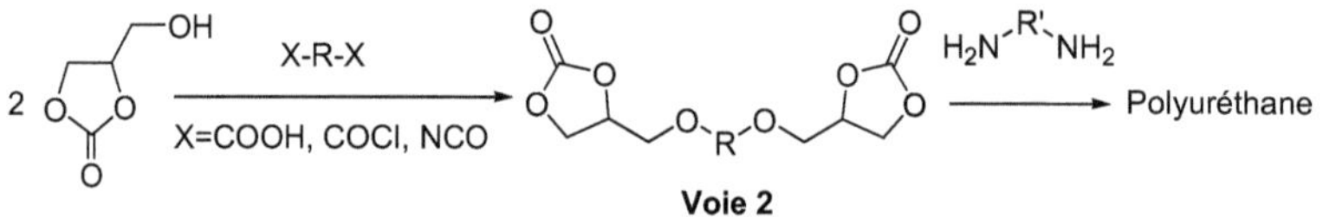

Figure 80. Formation des dicarbonates en utilisant un maillon de jonction (voie 2)

Cette stratégie permet non seulement de contrôler totalement la structure du dicarbonate formé, mais aussi en fonction du choix du maillon de jonction, d'augmenter ou de diminuer l'hydrophilie ou la lipophilie du produit.

III.1.3.2.1. Synthèse de dicarbonates à partir du carbonate de glycérol

III.1.3.2.1.1. Utilisation d'un diacide comme maillon de jonction

Le premier type de maillon jonction que nous avons envisagé implique la formation de fonctions ester avec les groupements hydroxyle du carbonate de glycérol. Différents réactifs peuvent être envisagés pour effectuer de telles réactions : des acides directement dans des conditions d'estérification de Fischer ou des dérivés d'acides (chlorures d'acides ou anhydrides) en présence de bases.

----

a) Estérification avec des monoacides

Nous avons tout d'abord choisi d'utiliser l'estérification en milieu acide du carbonate de glycérol avec l'acide benzoïque choisi comme acide modèle (figure 81).

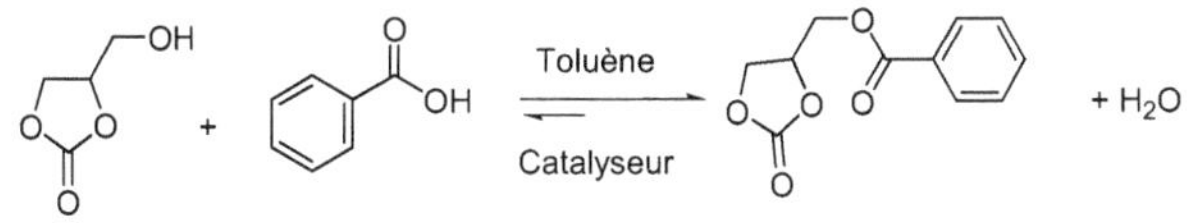

Figure 81. Estérification de l'acide benzoïque par le carbonate de glycérol

Grâce à la présence du cycle aromatique, l'avancement de la réaction peut être facilement suivi par CCM. La réaction est réalisée dans un ballon équipé d'un séparateur de Dean Stark en chauffant à reflux dans le toluène, 1 équivalent de carbonate de glycérol et 1 équivalent d'acide benzoïque en présence d'acide paratoluène sulfonique (APTS) ou d'acide sulfurique (H_2SO_4) comme catalyseur.

L'élimination de l'eau est couramment mise en œuvre au cours des réactions d'estérification car elle permet de déplacer l'équilibre de la réaction vers la formation de l'ester. Dans le cas de la réaction d'estérification du carbonate de glycérol, l'intérêt est double. L'élimination de l'eau permettra simultanément d'éviter l'hydrolyse du groupement cyclocarbonate et de déplacer l'équilibre réactionnel vers la formation de l'ester désiré.

La réussite de la réaction a été dans un premier temps estimée en se basant sur l'apparition d'une nouvelle bande carbonyle aux alentours de 1741 cm^{-1} correspondant à la formation de la fonction ester. Plusieurs tentatives ont été réalisées en utilisant des conditions opératoires différentes (tableau 12).

Tableau 12. Effet des conditions opératoires sur l'estérification de l'acide benzoïque (1 éq) par le carbonate de glycérol (1 éq) dans le toluène

Catalyseur	Temps (h)	Aspect du produit	$v_{C=O}$ à 1780 cm^{-1}	$v_{C=O}$ à 17941cm^{-1}
(1,1 éq) APTS	5 h	Précipité noir	Disparition	Non observée
(0,1 éq) APTS	18 h	Produit de départ	Pas d'évolution	Non observée
(2 ml) H_2SO_4	5 h	Précipité noir	Disparition	Non observée
(0,1 ml) H_2SO_4	18 h	Produit de départ	Pas d'évolution	Non observée

Les essais réalisés ont tous échoué. L'utilisation de quantités catalytiques d'acide paratoluène sulfonique ou d'acide sulfurique ne permet pas d'observer la réaction d'estérification attendue, alors que des quantités de catalyseur plus importantes conduisent à des réactions autres que celles initialement désirées. L'examen des données bibliographiques concernant l'estérification du carbonate de glycérol par des acides directement dans les conditions de Fischer montre que peu de travaux ont été réalisés sur ce sujet. L'hydrolyse du groupement carbonate en milieu acide ainsi que l'instabilité du glycérol formé en milieu acide sont certainement à l'origine de ces résultats décevants. Une autre explication de ces mauvais résultats peut également être l'hétérogénéité du milieu réactionnel et le carbonate de glycérol se solubilise très mal dans le toluène. Devant ces échecs, nous avons opté pour une autre méthode d'estérification du carbonate de glycérol en utilisant un chlorure d'acide dans le dichlorométhane en présence d'une base.

b) Estérification avec un chlorure d'acide

Les chlorures d'acides réagissent aisément avec le carbonate de glycérol pour conduire aux esters correspondants avec de bons rendements et une grande diversité de groupements acyle (tableau 13). La réaction d'estérification est réalisée avec un équivalent de carbonate de glycérol et un équivalent de chlorure d'acide en présence de triéthylamine dans le dichlorométhane.

Tableau 13. Estérification du carbonate de glycérol (1 éq) à l'aide de chlorures d'acides (1 éq)

Produit	Conditions opératoires	R	Rendement (%)
20	triéthylamine (1 éq), CH_2Cl_2, 4 h, 25°C	$-CH_3$	68
21	triéthylamine (1 éq), CH_2Cl_2, 4 h, 25°C	$-C_6H_5$	95
22	triéthylamine (1 éq), CH_2Cl_2, 4 h, 25°C	$-CH_2-(CH_2)_{15}-CH_3$	99

La figure 82 présente à titre d'exemple le spectre RMN ^{1}H du produit **21** obtenu après purification en utilisant les conditions opératoires précédentes.

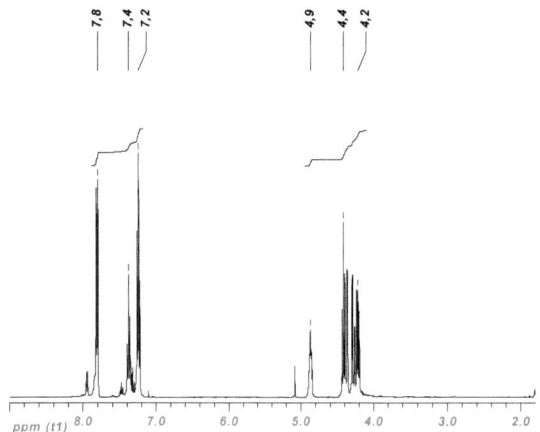

Figure 82. Spectre RMN ^{1}H (CDCl$_3$ d$_6$) du produit **21**

Les signaux à 4,9, 4,4 et 4,2 ppm sont caractéristiques du motif carbonate cyclique alors que les signaux situés entre 7,2 et 7,8 sont caractéristiques de la partie aromatique indiquant la formation de l'ester désiré. Ces résultats sont confirmés par l'analyse en ^{13}C et tout particulièrement par la présence de deux signaux à 155,5 et 157,7 ppm en RMN ^{13}C caractéristiques respectivement du carbonyle du carbonate cyclique et du carbonyle de la fonction ester.

L'analyse FTIR (figure 83) indique également la présence de deux bandes carbonyle à 1780 cm^{-1} et 1741 cm^{-1} caractéristiques respectivement du carbonyle du carbonate cyclique et de l'ester.

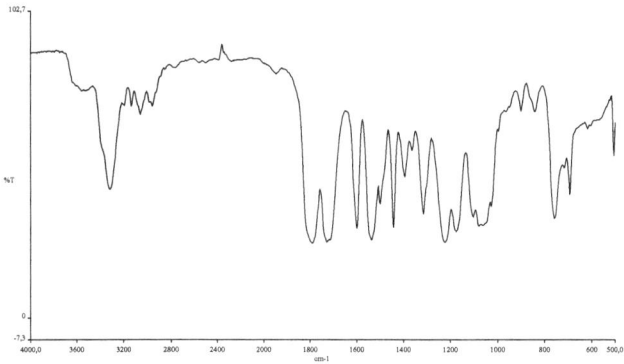

Figure 83. Spectre FTIR du produit **21**

80

Les analyses spectrales des produits obtenus avec le chlorure d'acétyle ou de stéaroyle sont également en accord avec la structure des produits attendus.

c) Estérification avec un chlorure de diacide

Après avoir mis au point les conditions opératoires avec des chlorures de monoacide et vérifié que la réaction était généralisable à différents acides, nous avons transposé la réaction au cas de chlorures de diacide. L'usage d'un équivalent de carbonate de glycérol avec 0,5 équivalent de chlorure de diacide comme maillon de jonction conduit aux dicarbonates attendus avec de bons rendements. Les résultats obtenus sont rapportés dans le tableau 14.

Tableau 14. Synthèse de dicarbonates à partir du carbonate de glycérol (1 éq) et de chlorure de diacide (0,5 éq).

Produit	Conditions opératoires	R	Rendement (%)
23	triéthylamine (1 éq), CH$_2$Cl$_2$, 4 h, 25°C	-CH$_2$-CH$_2$-	54
24	triéthylamine (1 éq), CH$_2$Cl$_2$, 4 h, 25°C	-CH$_2$-(CH$_2$)$_2$-CH$_2$-	77
25	pyridine (1 éq), CH$_2$Cl$_2$, 4 h, 25°C	-CH$_2$-(CH$_2$)$_2$-CH$_2$-	67

A la vue de ces résultats, la formation de dicarbonates en utilisant un chlorure de diacide et du carbonate de glycérol apparaît comme une méthode simple et facile à mettre en œuvre. De plus, elle permet de contrôler totalement la structure du produit final, ce qui peut constituer un avantage important lors de la mise en œuvre des réactions de polycondensation ultérieures.

d) Etude de la Régiosélectivité

Avant d'utiliser les dicarbonates pour former des polyuréthanes, nous avons étudié la réactivité du monocarbonate **21** avec la n-butylamine pour vérifier que cette dernière réagissait bien de façon préférentielle avec la fonction carbonyle du carbonate de glycérol (figure 84).

En effet, le carbonate **21** présente plusieurs sites électrophiles susceptibles de réagir avec la n-butylamine

- le carbonyle de la fonction carbonate peut conduire à deux carbamates régioisomères (**21a** et **21b**)

- le carbonyle de la fonction ester conduire à une fonction amide (**21c**)

- et enfin les carbones sp^3 du cyclocarbonate conduire à des amines secondaires (**21d**, **21e**).

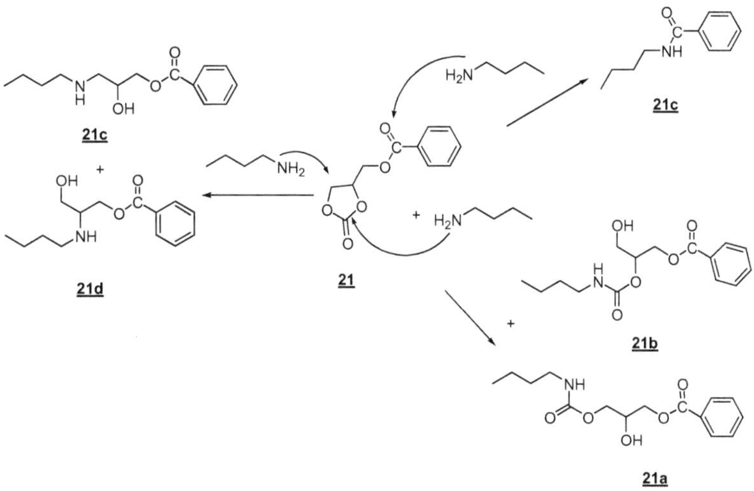

Figure 84. Différentes possibilités de réaction de la n-butylamine avec le produit **21**

L'avancement de la réaction est suivi par CCM et IR et le produit obtenu caractérisé par RMN ^{1}H et par FTIR (figures 85 et 86).

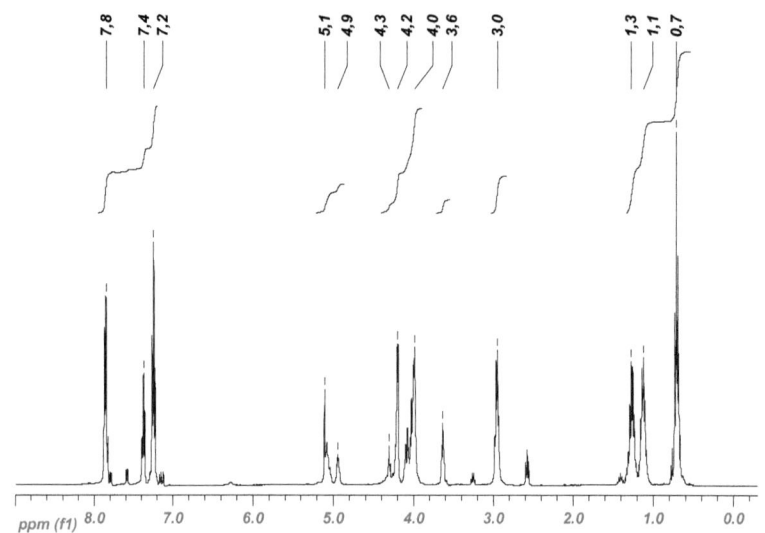

Figure 85. Spectre RMN ^{1}H (DMSO d$_6$) du produit **21** avec la n-butylamine

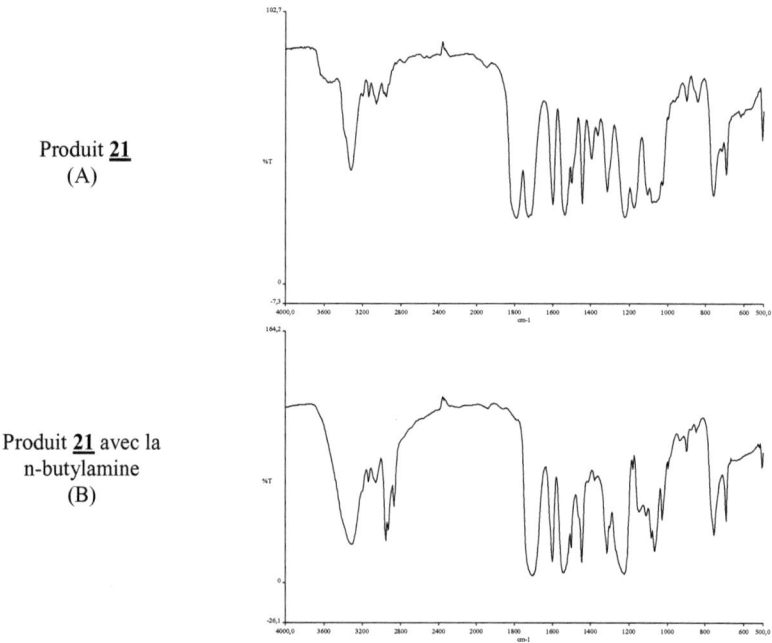

Produit **21**
(A)

Produit **21** avec la
n-butylamine
(B)

Figure 86. Spectres FTIR du produit **21** (A) et de son produit de réaction avec la n-butylamine (B)

83

A la vue des analyses spectroscopiques effectuées, il semble que la n-butylamine réagisse avec le carbonyle de la fonction carbonate conduisant à deux carbonates régioisomères **21a** et **21b**. La disparition totale de la bande IR du carbonate à 1780 cm^{-1} et la présence de la bande à 1704 cm^{-1} caractéristique de la fonction carbamate ainsi que la présence de deux taches sur la CCM constituent un premier argument dans ce sens. Les signaux à 3,6-4,3 ppm sont caractéristiques du motif glycérol, des signaux à 0,7, 1,1, 1,3 et 3,0 ppm sont caractéristiques du proton de la n-butylamine alors que les signaux situés entre 7,2-7,8 sont caractéristiques de la partie aromatique. Le calcul d'intégrale et la présence tout particulièrement de deux signaux à 157,2 et 171,6 ppm en RMN ^{13}C caractéristiques respectivement du carbonyle de la fonction ester et du carbonyle de la fonction amide constituent d'autres arguments prouvant la formation de deux produits **21a** et **21b**.

Le même type de remarque peut être fait dans le cas de la réaction de la n-butylamine avec les produits **20** et **22**.

e) Formation des polyuréthanes à partir des dicarbonates

Nous avons alors étudié la formation de polyuréthanes à partir du dicarbonate **24** en faisant réagir ce dernier avec des diamines (figure 87).

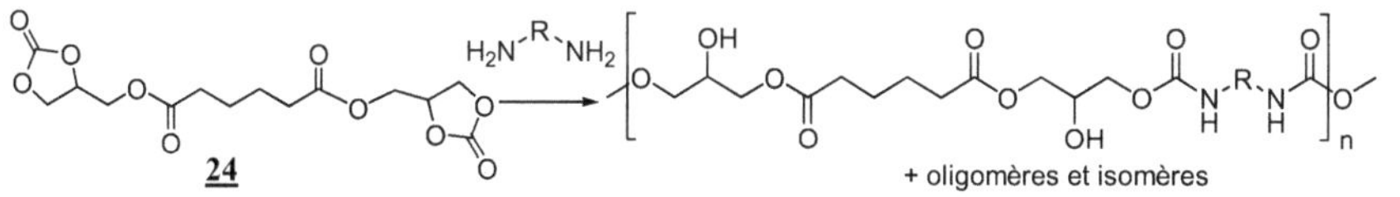

Figure 87. Formation du polyuréthane (voie 2)

Le tableau 15 présente les résultats obtenus en utilisant des conditions opératoires différentes, l'évolution de la réaction est caractérisée par spectroscopie IR en nous basant toujours sur les signaux à 1780 cm^{-1} caractéristique du carbonyle du carbonate cyclique et à 1704 cm^{-1} caractéristique du carbamate.

Tableau 15. Réactivité du dicarbonate **24** (1 éq) avec différentes diamines (1 éq)

Conditions réactionnelles	$v_{C=O}$ à 1780 cm^{-1}	$v_{C=O}$ à 1704 cm^{-1}
Ethylènediamine, 10 ml CH$_2$Cl$_2$, 60°C, 1 h	Disparition	Apparition
Butylènediamine, 10 ml CH$_2$Cl$_2$, 60°C, 1 h	Disparition	Apparition
Hexanediamine, 10 ml CH$_2$Cl$_2$, 60°C, 1 h	Disparition	Apparition
Diéthylènetriamine, 10 ml CH$_2$Cl$_2$, 60°C, 1 h	Disparition	Apparition

Les analyses IR effectuées indiquent la disparition de la bande caractéristique du carbonyle du motif carbonate cyclique à 1780 cm^{-1} et l'apparition d'une nouvelle bande aux alentours de 1704 cm^{-1} caractéristique de la formation des liaisons carbamates du polyuréthane. Les différentes diamines utilisées réagissent avec le dicarbonate **24** d'une façon similaire à ce qui avait été observé précédemment avec la n-butylamine conduisant aux produits attendus. L'analyse par RMN ^{1}H des différents produits de réaction montre dans tous les cas la disparition des signaux caractéristiques du motif carbonate cyclique.

Cette seconde voie d'accès aux polyuréthanes, impliquant la réaction d'une diamine avec un dicarbonate issu de la réaction du carbonate de glycérol avec des chlorures de diacides comme maillon de jonction s'est montrée possible permettant ainsi la validation de cette approche. Au niveau solubilité, le dicarbonate de départ, tout comme le polyuréthane formé, sont très peu solubles dans l'eau ce qui implique l'utilisation de solvant organique pour imprégner le bois.

III.1.3.2.1.2. Utilisation d'un diisocyanate comme module de jonction

a) Réaction avec un isocyanate

Un deuxième type de maillon de jonction implique l'utilisation d'isocyanates. En effet, il est bien connu que les isocyanates réagissent aisément avec différents nucléophiles oxygénés, azotés ou soufrés pour conduire aux carbamates, urées ou thiocarbonates correspondants. La fonction alcool primaire du carbonate de glycérol réagit effectivement avec les isocyanates pour donner des carbamates. La réaction peut être réalisée sans solvant dans le cas d'isocyanates liquides comme l'isocyanate de phényle. L'utilisation d'isocyanates sous forme solide nécessite par contre l'utilisation d'un solvant. Les résultats obtenus avec déférentes monoisocyanates choisis comme modèles pour explorer le champ d'application de cette méthode sont rapportés dans le tableau 16.

Tableau 16. Réaction du carbonate de glycérol avec différents monoisocyanates

Produit	Conditions opératoires	R	Rendement (%)
26	1 h, 60°C	$-C_6H_5$	98
27	1 h, 60°C	$-CH_2-(CH_2)_2-CH_3$	99
28	2 h, 60°C	$-(CH_2)_6-CH_3$	97
29	2 h, 60°C	$-(CH_2)_7-CH_3$	94
30	2 h, 60°C	$-(CH_2)_{10}-CH_3$	88

Les résultats obtenus montrent que la réaction d'un équivalent de carbonate de glycérol avec un équivalent de monoisocyanate conduit à la formation des produits désirés avec de bons rendements. L'avancement de la réaction peut être contrôlé par IR en se basant sur la disparition de la bande à 2200 cm^{-1} caractéristique de la fonction isocyanate et l'apparition de la bande à 1704 cm^{-1} caractéristique de la fonction carbamate. Les analyses FTIR, RMN ^{1}H et ^{13}C des produits obtenus sont compatibles avec les structures attendues. L'analyse FTIR indique la présence de deux motifs carbonyle correspondant à la fonction carbonate cyclique et à la fonction carbamate à 1780 cm^{-1} et 1704 cm^{-1}. L'analyse par RMN ^{13}C indique des déplacements chimiques à 155,4 ppm caractéristique du carbonyle du carbonate cyclique et à 157,6 ppm caractéristique du carbonyle de la fonction carbamate. L'analyse par RMN ^{1}H indique des signaux aux alentours de 4,2, 4,4 et 4,8 ppm caractéristiques des différents atomes d'hydrogène du motif carbonate cyclique.

b) Réaction avec des diisocyanates

Suite à ces résultats, nous avons envisagé la formation de dicarbonates en utilisant un équivalent du carbonate de glycérol avec 0,5 équivalent de diisocyanate comme maillon de jonction. Les résultats obtenus sont rapportés dans le tableau 17.

Tableau 17. Synthèse de dicarbonates à partir du carbonate de glycérol et de diisocyanates

Produit	Conditions opératoires	R	Rendement (%)
31	toluène, 1 h, 60°C	$-C_6H_4-CH_2-C_6H_4-$	94
32	CH_2Cl_2, 2 h, 60°C	$-CH_2-(CH_2)_4-CH_2-$	95

La réactivité des diisocyanates avec le carbonate de glycérol est similaire à celle des isocyanates utilisés précédemment. La différence majeure réside dans la nécessité d'utiliser un solvant pour dissoudre les réactifs permettant d'obtenir un milieu homogène pour effectuer la réaction. Les rendements sont comme dans le cas des réactions menées avec les monoisocyanates pratiquement quantitatifs.

d) Etude de la Régiosélectivité

Nous avons étudié par la suite la réactivité du produit **26** avec la n-butylamine pour vérifier la sélectivité de cette dernière avec le groupement carbonyle du carbonate cyclique en présence d'un motif carbamate. L'avancement de la réaction a été suivi par CCM et IR.

L'étude de l'évolution du milieu réactionnel suivie par chromatographie sur couches minces montre que la réaction est terminée après une heure d'agitation. Les analyses RMN et FTIR du produit obtenu sont rapportées dans les figures 88 et 89.

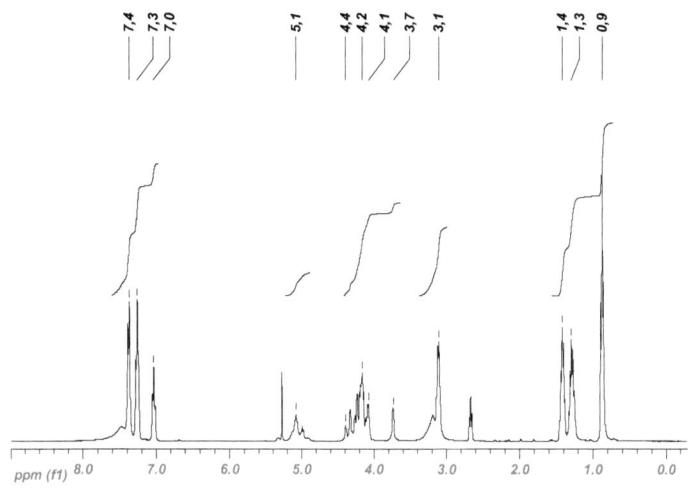

Figure 88. Spectre RMN ^{1}H (DMSO d$_6$) du produit **26** avec la n-butylamine

Produit **26**
(A)

Produit **26** avec
la n-butylamine
(B)

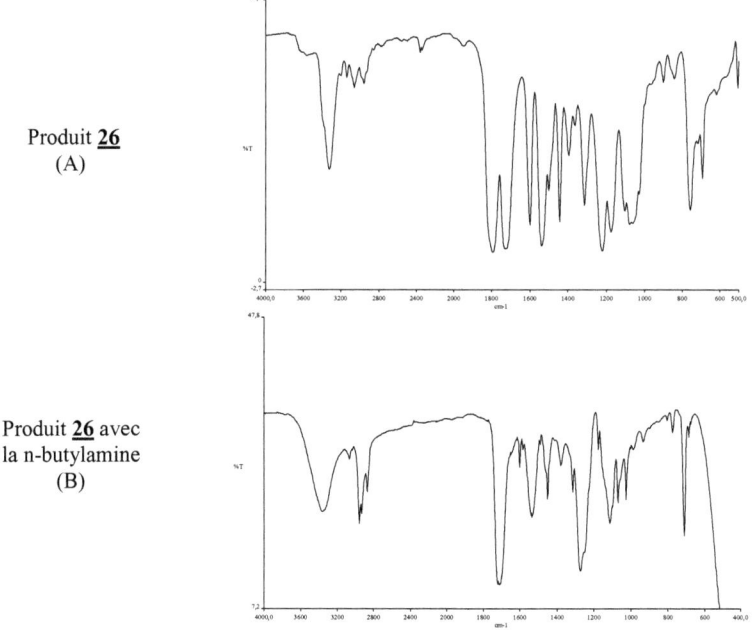

Figure 89. Spectres FTIR du produit **26** (A) et de son produit de réaction
avec la n-butylamine (B)

De la même façon que le cas précédent avec le produit **20**, la réaction du produit **26** avec la n-butylamine conduit à la formation d'un mélange de deux produits résultants de l'attaque sur du carbonate cyclique du produit **26** sans toucher à la fonction carbamate. La présence de deux taches en CCM ainsi que la disparition totale de la bande IR du carbonate cyclique à 1780 cm^{-1} constitue un premier argument dans ce sens. Le calcul d'intégrale et l'attribution des signaux en RMN ^{1}H sont d'autres arguments prouvant la formation de deux carbamates régioisomères résultant de l'attaque sur carbonyle de la fonction carbonate. Les produits **27**, **28**, **29** et **30** se comportent de façon similaire avec la n-butylamine.

d) Formation des polyuréthanes à partir des dicarbonates

Les produits **31** et **32** obtenus peuvent réagir rapidement avec 1 équivalent de diamines pour conduire aux polyuréthanes correspondants (figure 90).

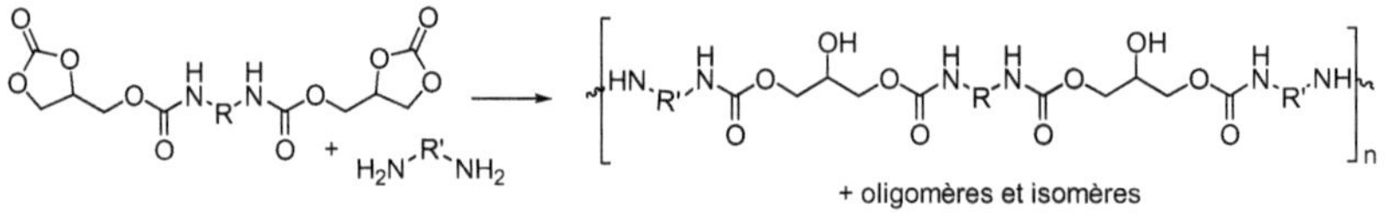

+ oligomères et isomères

Figure 90. Formation du polyuréthane (voie 2)

Nous avons étudié plus particulièrement la réactivité du produit **31** avec différentes diamines. Le tableau 18 présente les résultats obtenus en utilisant des conditions opératoires différentes, l'évolution de la réaction étant caractérisée par spectroscopie IR en nous basant toujours sur la disparition des signaux à 1780 cm^{-1} et 1704 cm^{-1}.

Tableau 18. Réactivité du produit **31** (1 éq) avec différentes diamines (1 éq)

Conditions réactionnelles	$\nu_{C=O}$ à 1780 cm^{-1}	$\nu_{C=O}$ à 1704 cm^{-1}
Ethylènediamine, 10 ml toluène, 60°C, 1 h	Disparition	Apparition
Butylènediamine, 10 ml toluène, 60°C, 1 h	Disparition	Apparition
Diéthylène triamine, 10 ml toluène, 60°C, 1 h	Disparition	Apparition

Une fois encore, les analyses IR effectuées indiquent la disparition de la bande caractéristique du carbonyle du motif carbonate cyclique à 1780 cm^{-1} et l'apparition d'une nouvelle bande aux alentours de 1704 cm^{-1} caractéristique de la formation des liaisons carbamates du polyuréthane. Ces résultats sont confirmés par l'analyse RMN ^{1}H qui montre

----

dans tous les cas la disparition des signaux à 4,2, 4,4 et 4,8 ppm caractéristiques des protons du motif carbonate cyclique.

La réaction des dicarbonates, issus de la réaction du carbonate de glycérol avec des diisocyanates, avec une diamine permet donc d'obtenir, comme attendu, les polyuréthanes recherchés mais nécessite l'emploi de solvants organiques du fait de la faible solubilité des produits de départ.

III.1.3.3. Synthèse de polyuréthanes à partir de la voie 3

Parmi les voies de synthèse initialement envisagées, la voie 3 consiste à préparer un dicarbonate en deux étapes à partir du carbonate de glycérol. La première étape implique la réaction de deux équivalents de carbonate de glycérol avec une diamine pour conduire à des diols 1,2 ou 1,3. La seconde étape implique la formation des carbonates cycliques en faisant réagir les diols précédents avec du carbonate de diméthyle (CDM) en présence de carbonate de potassium comme catalyseur (figure 91).

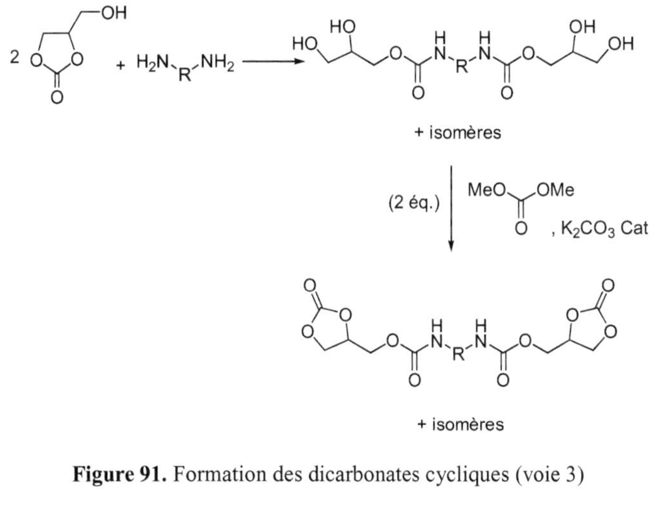

Figure 91. Formation des dicarbonates cycliques (voie 3)

Un point délicat de la suite réactionnelle précédente concerne la régiosélectivité de la première étape pouvant conduire comme cela a été indiqué précédemment à la formation d'un mélange de diols 1,2 ou 1,3. C'est pourquoi, nous nous sommes intéressé à la régiosélectivité de la réaction des amines primaires avec le carbonate de glycérol.

III.1.3.3.1. Etude de la réactivité du carbonate de glycérol avec les amines

Nous avons tout d'abord étudié la régiosélectivité de la réaction de différentes amines primaires avec le carbonate de glycérol. L'avancement de la réaction est contrôlé par spectroscopie infrarouge en suivant la disparition de la bande $v_{C=O}$ à 1780 cm^{-1} de la fonction carbonate cyclique et l'apparition de la bande $v_{C=O}$ à 1704 cm^{-1} de la fonction uréthane. Différents essais ont été réalisés en présence d'un équivalent de n-butylamine avec un équivalent de carbonate de glycérol, en faisant varier la température de la réaction afin de déterminer les conditions les plus douces possibles. Le tableau 19 rapporte la réactivité de différentes amines.

Tableau 19. Réactivité du carbonate de glycérol avec différentes amines primaires

Produit	Conditions réactionnelles	$v_{C=O}$ à 1780 cm^{-1}	$v_{C=O}$ à 1705cm^{-1}
35	BuNH$_2$, 100°C, 1 h	Disparition	Apparition
36	BuNH$_2$, 80°C, 1 h	Disparition	Apparition
37	BuNH$_2$, 20°C, 4 h	Disparition	Apparition
38	CH$_3$(CH$_2$)$_9$NH$_2$, 50°C, 1 h	Disparition	Apparition
-	CH$_3$(CH$_2$)$_9$NH$_2$, 20°C, 20 h	Pas d'évolution	Non observée
39	CH$_3$(CH$_2$)$_{11}$NH$_2$, 50°C, 1 h	Disparition	Apparition
-	CH$_3$(CH$_2$)$_{11}$NH$_2$, 20°C, 20 h	Pas d'évolution	Non observée

La réaction des amines avec des carbonates cycliques est une réaction connue rapportée dans la littérature pour avoir lieu à des températures de 80°C[94]. L'utilisation d'un équivalent d'amine primaire conduit à la formation du carbamate attendu. De façon surprenante, le carbonate de glycérol semble beaucoup plus réactif que les carbonates cycliques décrits dans la littérature comme le carbonate d'éthylène. En effet, la n-butylamine réagit totalement avec le carbonate de glycérol à une température de 20°C après une durée de 4 heures. Cette réactivité plus importante pourrait s'expliquer par une catalyse intramoléculaire impliquant la formation d'une liaison hydrogène avec le groupement hydroxyle en α possible dans le cas du carbonate de glycérol (figure 92).

---

[94] C. Dean, (2003). Cyclic carbonate functional and their applications. *Progress in Organic Coating, 47,77-86*

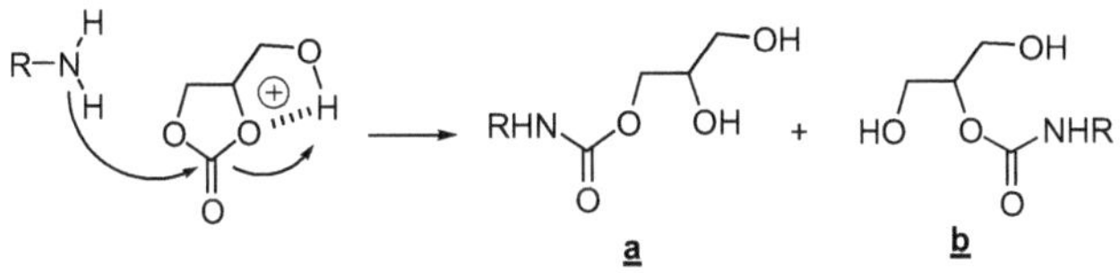

Figure 92. Catalyse intramoléculaire possible lors de la réaction du
carbonate de glycérol par les amines

Par contre, l'utilisation d'amines grasses sous forme solide exige une température de
50°C pour solubiliser ces derniers dans le milieu réactionnel. La durée de réaction devient
alors plus courte : 1 heure est suffisante généralement.

Ces résultats montrent que les amines primaires sont capables de réagir dans des
conditions douces avec le carbonate de glycérol. Les produits obtenus dans le cadre de
l'utilisation d'amines grasses pourraient avoir des propriétés amphiphiles du fait de la
présence d'une partie polaire correspondant aux fonctions alcool résultant de l'ouverture du
carbonate et d'une partie hydrophobe à la chaîne grasse.

L'ouverture du carbonate de glycérol engendre la formation deux régioisomères **a** et **b**
dans des proportions variables caractérisables par RMN. La part relative de chaque
régioisomère présent dans le produit brut est calculée en faisant le rapport d'intégration du
signal à 4,5 ppm du proton présent sur le carbone de la fonction alcool secondaire du glycérol
de l'isomère **b** (I_{CH}^{b}) sur l'intégration du signal à 3,6 ppm relatif au proton présent sur le
carbone de la fonction alcool secondaire du glycérol de l'isomère **a** (I_{CH}^{a}) (figure 93).

$$\text{Rapport } \underline{\textbf{b}} / \underline{\textbf{a}} = I_{CH}^{b}/I_{CH}^{a}$$

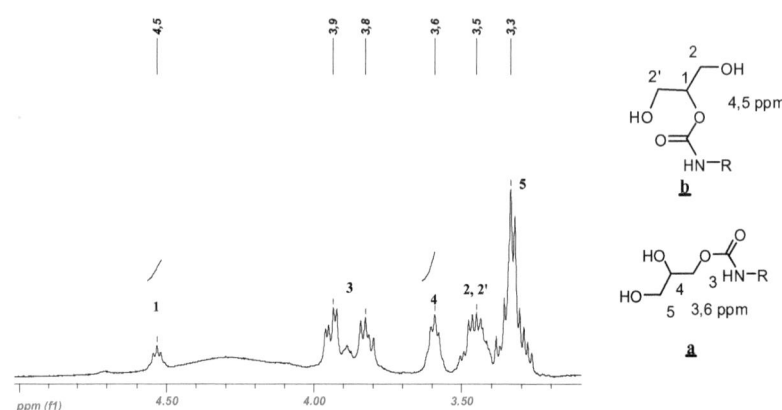

Figure 93. Signaux RMN ^{1}H (DMSO d$_6$) utilisés pour déterminer le rapport en régioisomères

La régiosélectivité obtenue avec différentes amines est rapportée dans le tableau 20.

Tableau 20. Régiosélectivité de la réaction du carbonate de glycérol avec différentes amines

Produit	Amine	Temps (h)	Température (°C)	Rapport a / b (%)
40	Aniline	4	20	69/31
41	n-Butylamine	4	20	72/28
42	n-Octylamine	1	50	56/44
43	n-Decylamine	1	50	58/42
44	n-Dodecylamine	1	50	56/44
45	Cyclohexylamine	1	50	64/36
46	Benzylamine	1	50	79/23

Dans tous les cas, les rendements sont quantitatifs, avec des temps de réaction variant fortement (1 à 4 h) en fonction de l'homogénéité du mélange obtenu lors de la mise en contact de l'amine avec le carbonate de glycérol. Le régioisomère **a** est obtenu de façon majoritaire quelle que soit l'amine utilisée. Corroborant les résultats obtenus par Alexander et al[95] décrivant la régioselectivité de la réaction de la benzylamine avec le carbonate de glycérol. Ces derniers ont séparé par chromatographie sur colonne le mélange résultant de la

---

[95] S. Alexander, C. Wionmiun, S. Fumio, E. Takeshi, (2000). Addition of five-membered cyclic carbonate with amine and its application to polymer synthesis. *Polymer Science of Chemistry, 38, 2375-2380*

réaction du carbonate de glycérol avec la benzylamine et montré que le régioisomère **a** était obtenu de façon majoritaire avec un rapport égal à 79/21.

Pour confirmer les attributions précédentes, nous avons envisagé de synthétiser les régioisomères **a** de façon régioselective. En effet, ces derniers peuvent être obtenus aisément à partir des produits résultant de la réaction de carbonate de glycérol avec des isocyanates, conduisant, après hydrolyse en milieu basique de la fonction carbonate, au régioisomère **a** pur (figure 94).

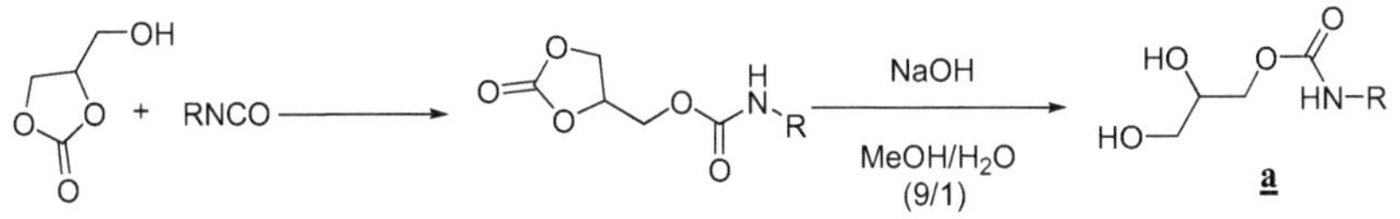

Figure 94. Formation régiosélective de l'isomère **a**

La réaction du carbonate de glycérol avec les isocyanates est réalisée comme précédemment sans solvant à une température de 50°C pendant une heure. L'hydrolyse de la fonction carbonate est effectuée en présence de 0,05 équivalent de soude dans un mélange méthanol/eau (9/1) à une température de 80°C pendant 1 heure. Différents isocyanates ont été utilisés comme le phényl isocyanate, le butyl isocyanate, l'undecyl isocyanate, l'heptyl isocyanate et l'octyl isocyanate conduisant à la formation régiosélective de **a** avec des rendements quantitatifs.

L'analyse par FTIR montre la présence d'une bande à 1704 cm^{-1} caractéristique de la fonction carbamate et la disparition de la bande à 1780 cm^{-1} caractéristique de carbonate cyclique. La figure 95 rapporte les spectres RMN ^{1}H du mélange de régioisomères **a** et **b** obtenus suite à l'attaque de la n-butylamine sur le carbonate de glycérol et le spectre du régioisomère pur **a** obtenu à partir de la réaction du carbonate de glycérol avec le butylisocyanate suivie de l'hydrolyse de la fonction carbonate (figure 95).

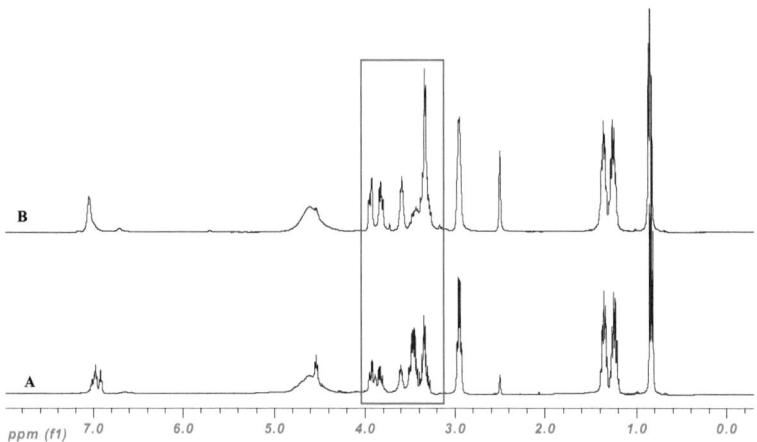

Figure 95. RMN ^{1}H (DMSO d_6) du mélange de régioisomères **a** et **b** obtenus à partir de la n-butylamine et du carbonate de glycérol (A); régioisomère **a** pur obtenu à partir du butyl isocyanate et du carbonate de glycérol suivi d'une hydrolyse (B)

Les signaux à 0,8, 1,3, 1,4 et 2,9 ppm sont caractéristiques des protons de la n-butylamine alors que les signaux situés entre 3,3 et 4,5 ppm sont caractéristiques des protons du motif glycérol. Le signal large situé entre 4,4 et 4,8 ppm correspond aux protons des groupements hydroxyle.

Les différents signaux observés montrent sans ambiguïté la formation d'un régioisomère majoritaire dans le cas de la seconde méthode permettant de confirmer les attributions faites précédemment. Le carbonate de glycérol peut être de ce fait un produit de départ intéressant et permettant la synthèse régioselective de carbamate de type **a** avec de bons rendements.

III.1.3.3.2. Réaction de carbonatation avec le carbonate de diméthyle

Afin de vérifier sur un modèle plus simple l'étape de formation du carbonate cyclique, nous avons dans un premier temps étudié la réaction du carbonate de diméthyle (CDM) avec le mélange de régioisomères obtenu suite à la réaction de la n-butylamine sur le carbonate de glycérol. La réaction de carbonatation est réalisée avec le carbonate de diméthyle en présence d'une quantité catalytique de carbonate de potassium à 70°C pendant 5 heures selon un mode opératoire décrit dans la littérature (figure 96).

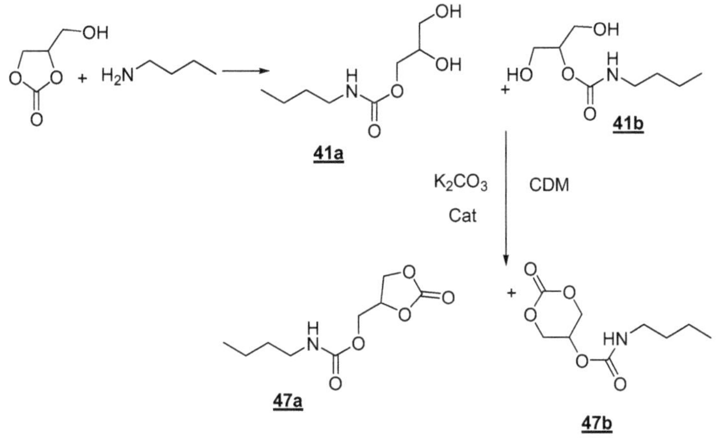

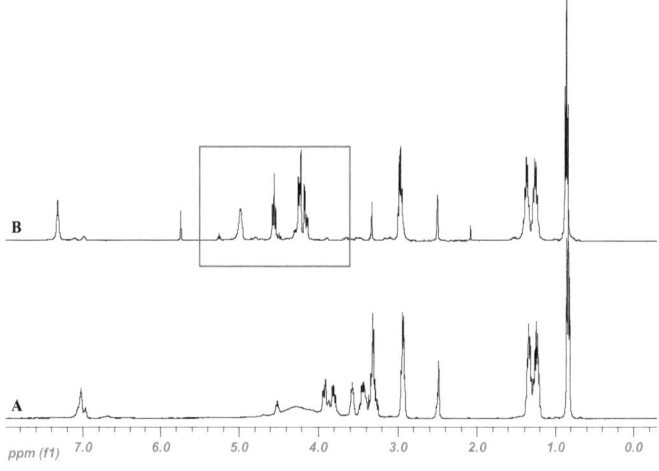

Figure 96. Formation du carbonate cyclique par réaction de carbonatation (voie 3)

Le produit majoritaire **41a** est obtenu avec un rendement de 72% et le produit minoritaire **41b** avec un rendement de 28%. L'analyse de RMN ^{1}H effectuée sur le produit obtenu après addition du carbonate de diméthyle révèle la présence du carbonate cyclique. En effet, l'apparition des signaux à 4,3, 4,5 et 4,9 ppm est caractéristique de la formation du motif carbonate cyclique, alors que les signaux à 0,8, 1,2, 1,3 et 3,1 ppm sont caractéristiques des protons de la n-butylamine (figure 97).

Figure 97. Spectre RMN ^{1}H (DMSO d$_6$) du produit de réaction du carbonate de glycérol avec la n-butylamine (A), produit de carbonatation (B)

La preuve la plus flagrante de la formation de carbonate cyclique est obtenue par IR. La présence de deux bandes à 1780 cm^{-1} intense et à 1812 cm^{-1} moins intense indique la formation des deux carbonates cycliques isomères **47a** et **47b**, alors que la bande à 1704 cm^{-1} est caractéristique de formation de la fonction carbamate (fiigure 98).

Produits **41a**, **41b** obtenus suite à la réaction du carbonate de glycérol avec la n-butylamine (A)

Produits **47a**, **47b** obtenus suite à la réaction du mélange de régioisomères **41a** et **41b** avec le carbonate de diméthyle (B)

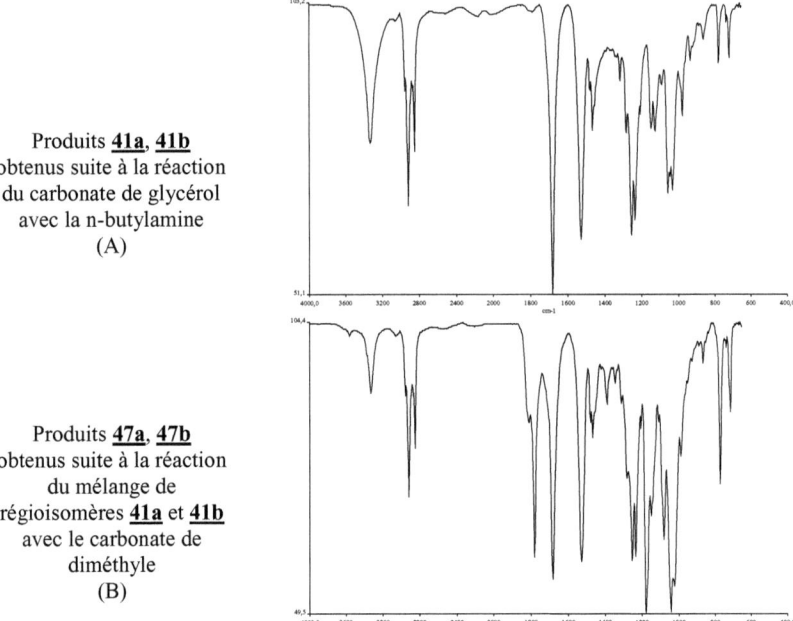

Figure 98. Spectres FTIR du produit de réaction du carbonate de glycérol avec la n-butylamine (A) et du produit de carbonatation avec le carbonate de diméthyle (B)

III.1.3.3.3. Synthèse des dicarbonates

Contrairement au cas précédent, la réactivité du carbonate de glycérol est étudiée avec des diamines. La réaction est effectuée sans solvant en présence d'un équivalent de carbonate de glycérol avec 0,5 équivalent de différentes diamines. L'avancement de la réaction est contrôlé par analyse infrarouge du milieu réactionnel (figure 99).

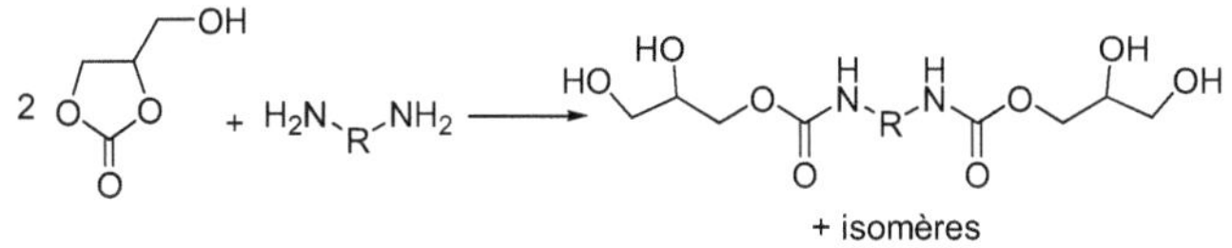

Produit **48**: R= -CH$_2$-CH$_2$-
49: R= -CH$_2$-(CH$_2$)$_2$-CH$_2$-
50: R= -CH$_2$-(CH$_2$)$_4$-CH$_2$-
51: R= -(CH$_2$)$_2$-NH-(CH$_2$)$_2$-

Figure 99. Réaction du carbonate de glycérol avec différentes diamines

Les analyses IR effectuées suite à la première étape de condensation des diamines avec le carbonate de glycérol indiquent la disparition de la bande caractéristique du carbonyle du motif carbonate cyclique à 1780 cm^{-1} du carbonate de glycérol et l'apparition de nouvelles bandes aux alentours de 1704 cm^{-1} caractéristiques de la formation des liaisons carbamate attendues. Les diamines réagissent donc de façon similaire à celle des amines primaires avec le carbonate de glycérol conduisant aux produits attendus. L'analyse par RMN ^{1}H des différents produits obtenus montre dans tous les cas la disparition des signaux caractéristiques des motifs carbonate du carbonate de glycérol.

Ayant montré la faisabilité de la réaction, nous avons étudié la réaction des produits obtenus avec 2 équivalents de carbonate de diméthyle à 70°C sans solvant en présence d'une quantité catalytique de carbonate de potassium pour former des dicarbonates (figure 100).

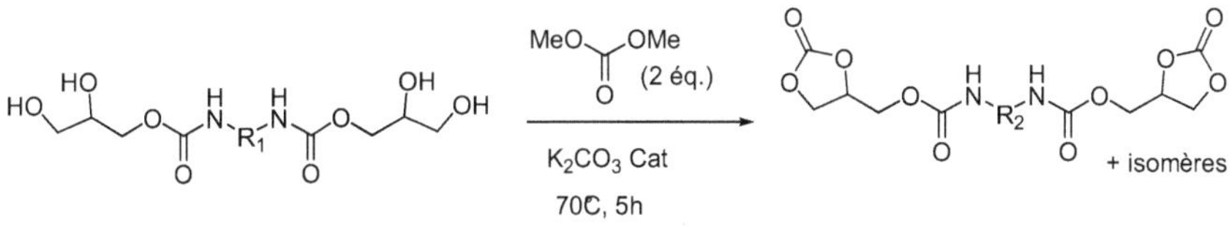

Produit **52**: R$_1$=R$_2$= -CH$_2$-CH$_2$-
53: R$_1$=R$_2$= -CH$_2$-(CH$_2$)$_2$-CH$_2$-
54: R$_1$=R$_2$= -CH$_2$-(CH$_2$)$_4$-CH$_2$-
55: R$_1$=R$_2$= -(CH$_2$)$_2$-NH-(CH$_2$)$_2$-

Figure 100. Formation des dicarbonates à partir du produit obtenu suite à la réaction du carbonate de glycérol et de différentes diamines

L'analyse IR des résultats obtenus indique clairement la formation de la fonction carbonate cyclique ainsi que la présence de la fonction carbamate.

III.1.3.3.4. Synthèse des polyuréthanes à partir de la voie 3

Les produits **52**, **53**, **54** et **55** obtenus peuvent réagir rapidement avec 1 équivalent de diamines pour conduire aux polyuréthanes correspondants (figure 101).

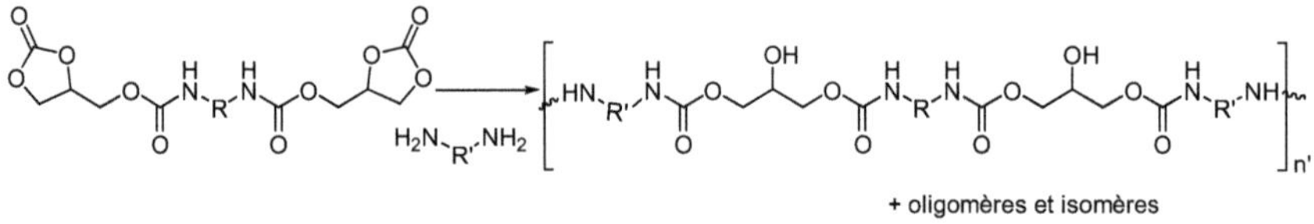

+ oligomères et isomères

Figure 101. Formation des polyuréthanes (voie 3)

Différentes diamines telles que l'éthylènediamine, la butylènediamine, l'héxanediamine et la diéthylènetriamine ont été utilisées pour former le polyuréthane. Le tableau 21 présente les résultats obtenus en utilisant différentes conditions opératoires. L'évolution de la réaction étant caractérisée par infrarouge.

Tableau 21. Réaction des dicarbonates avec différentes diamines

Produit	Conditions réactionnelles	$v_{C=O}$ à 1780 cm^{-1}	$v_{C=O}$ à 1704cm^{-1}
56	Ethylènediamine, 50°C, 10 ml CH$_2$Cl$_2$, 1 h	Disparition	Apparition
57	Butylènediamine, 50°C, 10 ml CH$_2$Cl$_2$, 1 h	Disparition	Apparition
58	Hexanediamine, 50°C, 10 ml CH$_2$Cl$_2$, 1 h	Disparition	Apparition
59	Diéthylène triamine, 50°C, 10 ml CH$_2$Cl$_2$, 1 h	Disparition	Apparition

Les analyses IR effectuées indiquent la disparition de la bande caractéristique du carbonyle du motif carbonate cyclique à 1780 cm^{-1} et la présence de la bande aux alentours de 1704 cm^{-1} caractéristique de la formation des liaisons carbamate du polyuréthane. Les figures 102 et 103 décrivent quelques exemples de spectre RMN des différents polyuréthanes formés. Dans tous les cas, on observe la disparition des signaux caractéristiques des motifs carbonate cyclique.

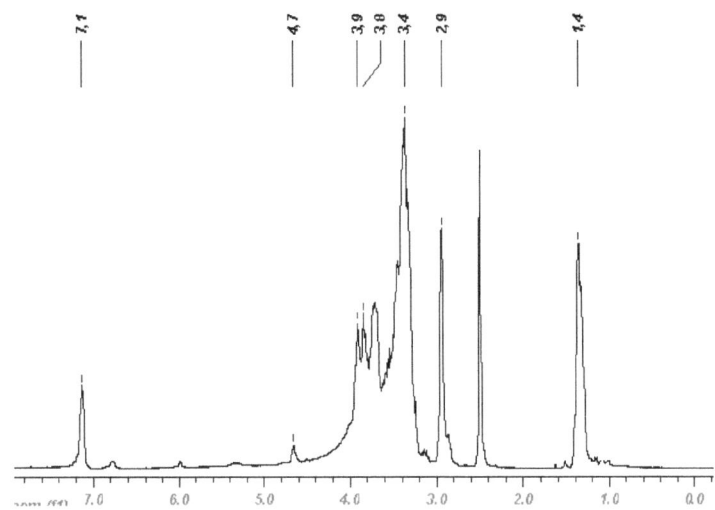

Figure 102. Spectre RMN ¹H (DMSO d₆) du polyuréthane obtenu à partir du produit **56** et l'éthylènediamine

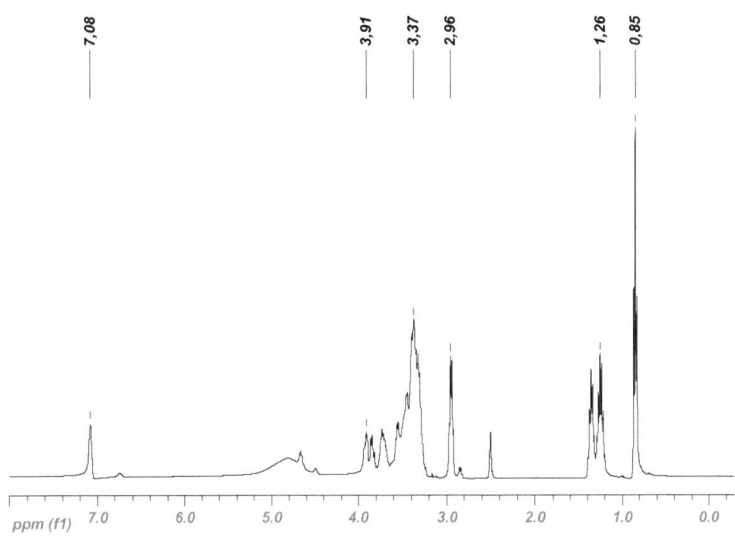

Figure 103. Spectre RMN ¹H (DMSO d₆) du polyuréthane obtenu à partir du produit **58** et l'hexanediamine

----

III.2. Application au traitement du bois

Etant donné la réactivité importante des amines primaires avec la fonction carbonate cyclique, il ne nous a pas été possible de réaliser un traitement en une seule étape, le produit réagissant lors du mélange avant que l'on ait le temps de l'imprégner dans le bois. Nous avons donc opté pour un traitement en deux temps impliquant deux imprégnations successives.

Une première imprégnation avec la solution de carbonate cyclique suivie d'une phase de séchage, puis une seconde imprégnation de la solution de diamine, suivie elle-même, d'une phase de séchage au cours de laquelle s'effectue la polymérisation.

Les essais ont été réalisés sur des éprouvettes de hêtre (*Fagus sylvatica*) et d'aubier de pin sylvestre (*Pinus sylvestris*) avec différentes diamines (éthylènediamine, hexanediamine, diéthylènetriamine et tris(2-aminoethyl)amine). Les solutions d'imprégnation peuvent être réalisées en phase organique ou en phase aqueuse en fonction de la solubilité des dicarbonates et des diamines utilisées.

III.2.1. Traitement du bois par les polyuréthanes issus de la voie 1

Les traitements ont été réalisés avec le DCPG3 obtenu en faisant réagir le PG3 avec 2 équivalents de carbonate de diméthyle et l'hexanediamine ou la diéthylènetriamine.

Différents types de lessivage ont été réalisés pour évaluer la fixation du produit dans le bois : un lessivage à froid réalisé en plaçant les éprouvettes dans cinq fois leur volume d'eau distillée sous agitation pendant des temps différents avec changement de l'eau entre chaque cycle (1 h, 2 h, 4 h, 12 h) et des lessivages à chaud au Soxhlet pendant 6 h en utilisant des solvants différents (acétone, dichlorométhane ou eau). Toutes les masses sont estimées après séchage à l'étuve à 103°C. Les résultats sont rapportés sur le tableau 22.

Tableau 22. Essais d'imprégnation avec le DPG3 et différentes diamines (voie 1)

Traitement	Solution d'imprégnation	Lessivage	Avant lessivage		Après lessivage		Produit lessivé (%)
			Gain de masse (%)	ASE (%)	Gain de masse (%)	ASE (%)	
A	DCPG3 (21 g) dans l'eau (50 ml), puis héxanediamine (6g) dans CH₂Cl₂ (50 ml)	Eau [a]	34,7	55,3	7,8	11,3	77,6
		Acétone [b]	31,4	46,9	8,3	11,5	73,7
		CH₂Cl₂ [c]	35,9	50	27,6	42,2	23,2
		Eau [d]	30,7	47,2	20,0	33,0	34,9
B	DCPG3 (21 g) dans l'eau (50 ml), puis diéthylènetriamine (9 g) dans l'eau (50 ml)	Eau [a]	38,7	63,9	16,0	20,1	58,7
		Acétone [b]	37,6	61,6	28,6	46,5	23,8
		CH₂Cl₂ [c]	36,1	52,1	35,2	44,2	2,4
		Eau [d]	39,8	62,3	25,0	37,4	37,2
C	DCPG3 (35g) dans l'eau (50ml), puis diéthylènetriamine (14g) dans l'eau (50ml)	Eau [a]	84,1	70,1	40,6	32,4	51,8
		Acétone [b]	83,4	68,3	72,1	48,8	13,6
		CH₂Cl₂ [c]	82,7	68,3	75,3	51,3	8,9
		Eau [d]	83,8	66,9	55,8	43,8	33,5
D	DCPG3 (21 g) dans l'eau (50 ml), puis diéthylènetriamine (4 g) dans l'eau (25 ml) avec (3 g) de tris(2-aminoethylamine) dans l'eau (25 ml)	Eau [a]	37,3	58,8	21,5	42,5	42,3
		Acétone [b]	34,9	60,2	29,3	57,6	16,1
		CH₂Cl₂ [c]	36,7	54,6	35,1	50,2	4,4
		Eau [d]	38,4	61,3	28,4	55,8	26,1

(a) lessivage au soxhlet à l'eau pendant 6 h, moyenne sur 6 éprouvettes
(b) lessivage au soxhlet à l'acétone pendant 6 h, moyenne sur 6 éprouvettes
(c) lessivage au soxhlet, dichlorométhane pendant 6 h, moyenne sur 6 éprouvettes
(d) lessivage à l'eau froide avec changement de l'eau après1 h, 2 h, 4 h, 12 h, moyenne sur 6 éprouvettes

Les gains de masse dépendent directement de la concentration de la solution d'imprégnation et du solvant utilisé. Les phases aqueuses conduisent généralement à une imprégnation plus importante de matière active. Les différents traitements à base de DCPG3 confèrent au bois une bonne stabilisation dimensionnelle comme l'attestent les valeurs d'ASE élevées obtenues. Ces résultats s'expliquent très facilement par l'aptitude des groupements hydroxyle du polyglycérol à stabiliser le bois en interagissant avec les constituants des parois[96,97].

[96] P. Soulounganga, C. Marion, F. Huber, P. Gérardin, (2003). Synthesis of Polyglycerol Methacrylate and its Application to Wood Dimensional Stabilization. *Journal of Applied Polymer Science, Vol. 88, 743-749*
[97] P. Hoffman, (1999). On the stabilization of water logged oakwood in polyethylenglycol. *Testing the oligomers, 42 (5), 289-294*

De façon similaire à ce qui a été proposé pour les polyéthylène glycols[98] ou certains dérivés du glycérol[99], il est raisonnable de penser que les produits utilisés dans notre travail pénètrent à l'intérieur des parois cellulaires du bois, où ils sont capables de former des liaisons hydrogène avec les constituants pariétaux du bois maintenant ce dernier dans un état de gonflement permanent (figure 104).

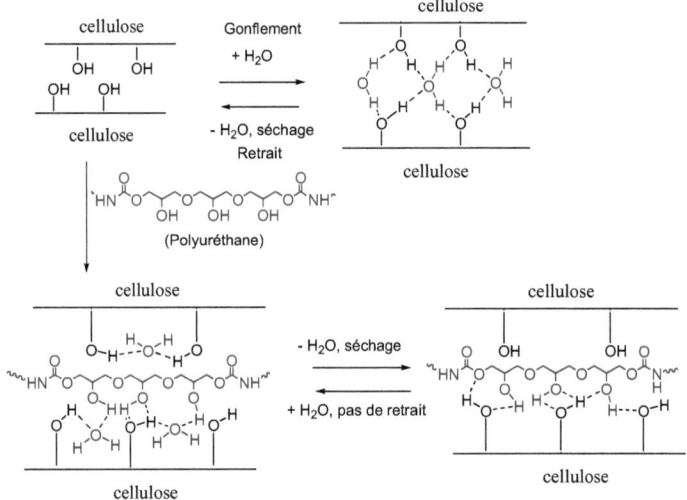

Figure 104. Stabilisation du bois par le polyuréthane dérivé du glycérol

Les polyuréthanes formés *in situ* dans le bois résistent globalement bien au lessivage et ceci même lorsque les réactifs de départ (diéthylènetriamine et DCPG3) sont solubles dans l'eau. Si on compare les résultats obtenus avec la diéthylènetriamine et le DCPG3 dans le cas des lessivages à l'eau, on observe que l'augmentation de la concentration de la solution d'imprégnation (traitements B et C) permet d'améliorer la fixation du produit dans le bois après polycondensation. 41% du produit sont retenus après lessivage au Soxhlet à l'eau pour le traitement B et 48% pour le traitement C, alors qu'après lessivage à l'eau froide, 63 et 67 % du produit sont retenus pour les traitements B et C respectivement. L'ajout d'une petite quantité de tris-(2-aminoethyl)amine à la diéthylènetriamine dans le but d'augmenter le degré de réticulation du polyuréthane formé conduit à une augmentation assez nette de la résistance

[98] A.J. Stamm, (1965). Factors affecting bulking and dimensional stabilisation of wood with polyethylene glycols. *Forest Prod. J, 14 (10), 403-408*

[99] T.E. Dauvergne, P. Soulounganga, P. Gérardin, B. Loubinoux, (2000). Glycerol/glyoxal : a new boron fixation system for wood preservation and dimensionnal stabilisation. *Holzforschung, 54, 123-126*

103

----

au lessivage du produit formé (traitement D). En effet, les quantités de produit retenu sont alors de 57 et 74 % pour les lessivages à l'eau chaude et à l'eau froide respectivement.

La polymérisation du produit dans le bois a été étudiée par analyse IR des échantillons après traitement. Les différents spectres FTIR permettent de mettre en évidence une bande carbonate à 1780 cm^{-1} après la première imprégnation disparaissant au profit d'une bande à 1704 cm^{-1} après la deuxième imprégnation avec la diéthylènetriamine (figure 105).

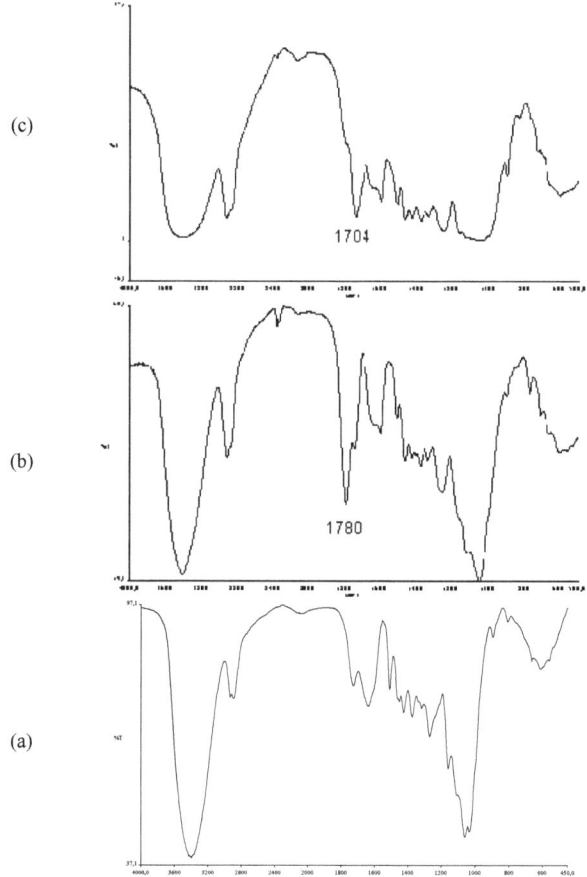

Figure 105. Spectres FTIR montrant la formation du polyuréthane dans le bois, (a) hêtre témoin, (b) hêtre imprégné par le DCPG3, (c) hêtre imprégné par le DCPG3 puis la diéthylènetriamine

Les éprouvettes ont ensuite été confrontées à *Trametes versicolor* un agent de pourriture blanche et *Poria placenta* un agent de pourriture brune pour évaluer l'effet du traitement sur la durabilité du bois. Faute de virulence avec l'agent de pourritures blanches, seules les résultats obtenus avec *Poria placenta* ont pu être exploités. Les résultats sont rapportés dans le tableau 23 et la figure 106.

Tableau 23. Pertes de masse des éprouvettes traitées avec une solution de DCPG3 et de diéthylènetriamine

Solution d'imprégnation	éprouvette	m_0 (g)	m_1 (g)	Perte de masse (%)
DCPG3 (21 g) dans l'eau (50 ml), puis diéthylènetriamine (9 g) dans l'eau (50 ml) avec lessivage [a]	témoin	1,04	0,43	58,21
	traitée [b]	1,03	0,98	7,47 ± 1,65
DCPG3 (21 g) dans l'eau (50 ml), puis diéthylènetriamine (9 g) dans l'eau (50 ml) sans lessivage	témoin	1,023	0,495	51,58
	traitée [b]	0,88	0,83	5,73 ± 0,49
DCPG3 (35 g) dans l'eau (50 ml), puis diéthylènetriamine (14 g) dans l'eau (50 ml) sans lessivage	témoin	0,960	0,950	1,06
	traitée [b]	1,37	1,37	0,03 ± 0,01

[a] lessivée à l'eau au Soxhlet durant 6 h
[b] moyenne sur 3 éprouvettes

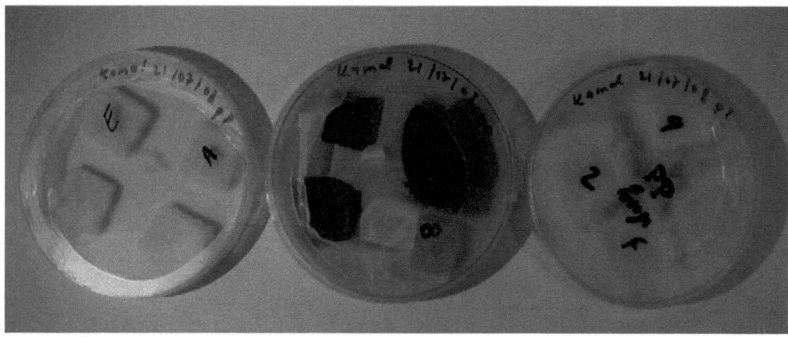

Témoin   Eprouvettes imprégnées   Eprouvettes imprégnées
                    sans lessivage   avec lessivage

Figure 106. Aspect des éprouvettes imprégnées ou non par le polyuréthane issu du DCPG3 et de diéthylènetriamine après 16 semaines d'exposition à *Poria placenta*

Les résultats obtenus montrent sans ambiguïté que le traitement réalisé permet d'augmenter la durabilité du bois vis-à-vis de l'attaque fongique. Dans le cas des éprouvettes traitées avec une solution de DCPG3 (35 g) dans l'eau (50 ml), puis la diéthylènetriamine (14 g) dans l'eau (50 ml) sans lessivage, on n'observe aucun développement du mycélium que ce soit à la surface des éprouvettes traitées ou des éprouvettes témoins. Il semble que la diffusion du produit non fixé dans le cas des éprouvettes non lessivées soit à l'origine de l'inhibition de l'attaque fongique. Ce résultat s'explique probablement par une polymérisation incomplète conduisant à des oligomères capables de diffuser et inhibant le développement fongique. Les résultats obtenus pour les éprouvettes traitées avec une solution de DCPG3 (21 g) dans l'eau (50 ml), puis de diéthylènetriamine (9 g) dans l'eau (50 ml) sont un peu plus surprenants. En effet, on observe dans tous les cas une forte colonisation des éprouvettes par le mycélium que ce soit pour les éprouvettes lessivées ou non, alors que les pertes de masse mesurées restent relativement faibles comparativement aux éprouvettes témoins qui sont fortement dégradées. Ces résultats indiquent que le produit polymérisé dans le bois perd en grande partie ses propriétés inhibitrices vis-à-vis du développement du champignon permettant de penser que l'amélioration de la durabilité est due en grande partie à la modification chimique du bois qui devient dès lors non assimilable par le champignon.

III.2.2. Traitement du bois par les polyuréthanes issus de la voie 2

Les dicarbonates résultant de la réaction du carbonate de glycérol avec des chlorures de diacides ont également été utilisés pour traiter le bois en présence de différentes diamines afin de conduire à la formation de polyuréthanes. Les traitements ont été réalisés à nouveau en deux étapes impliquant une première imprégnation du dicarbonate dans l'acétone, suivie d'une seconde avec la diamine solubilisée dans le dichlorométhane ou dans l'eau en fonction de sa solubilité. L'effet du traitement sur le bois a été évalué avec ou sans lessivage en mesurant sa stabilité dimensionnelle et sa durabilité vis-à-vis de *Poria placenta*. Les résultats obtenus sont rapportés dans le tableau 24.

Tableau 24. Essais d'imprégnation avec le dicarbonate **24** et différentes diamines

Traitement	Solution d'imprégnation	Lessivage	Avant lessivage		Après lessivage		Produit lessivé (%)
			Gain de masse (%)	ASE (%)	Gain de masse (%)	ASE (%)	
A	Dicarbonate **24** (10 g) dans l'acétone (50 ml), puis héxanediamine (3,35 g) dans le CH₂Cl₂ (50 ml)	Eau [a]	28,6	18,6	9,7	4,8	65,8
		Acétone [b]	28,5	17,8	13,2	5,5	53,6
		CH₂Cl₂ [c]	29,6	23,5	20,5	20,6	30,8
		Eau [d]	31,8	22,3	25,8	18,2	18,9
B	Dicarbonate **24** (10,5 g) dans l'acétone (50 ml), puis diéthylènetriamine (3,12 g) dans l'eau (50 ml)	Eau [a]	30,6	27,4	18,2	9,3	40,6
		Acétone [b]	34,4	28,8	24,6	11,5	28,5
		CH₂Cl₂ [c]	36,6	33,2	32,1	31,7	12,3
		Eau [d]	35,2	30,1	28,7	25,2	18,4

(a) Lessivage au soxhlet à l'eau pendant 6 h, moyenne sur 6 éprouvettes
(b) Lessivage au soxhlet à l'acétone pendant 6 h, moyenne sur 6 éprouvettes
(c) Lessivage au soxhlet, dichlorométhane pendant 6 h, moyenne sur 6 éprouvettes
(d) Lessivage à l'eau froide avec changement de l'eau après 1 h, 2 h, 4 h, 12 h, moyenne sur 6 éprouvettes

----

Selon les solutions d'imprégnation utilisées, les gains de masse obtenus se situent aux alentours de 30% pour le système dicarbonate / hexanediamine et 35% pour le système dicarbonate / diéthylènetriamine. Cette différence s'explique comme précédemment par la solubilité du dicarbonate et la nature du solvant utilisé pour imprégner ce dernier dans le bois. Le dicarbonate **24** insoluble dans l'eau est imprégné dans l'acétone ne permettant pas une pénétration aussi importante du produit dans les parois cellulaires que celle obtenue avec le DCPG3 imprégné dans l'eau. L'effet sur la stabilité dimensionnelle se trouve de ce fait moins marqué.

A nouveau, on observe après lessivage une diminution du gain de masse plus ou moins importante en fonction de la nature du solvant et du mode de lessivage utilisé. On note toutefois qu'une partie importante du produit reste imprégnée dans le bois, traduisant la formation du polyuréthane qui présente une meilleure résistance au lessivage que les polyuréthanes obtenus avec le DCPG3.

Les résultats obtenus avec les lessivages à l'eau, et particulièrement ceux effectués à l'eau froide sont très encourageants, puisqu'ils montrent que le polyuréthane ne serait que faiblement lessivé dans des conditions d'utilisations extérieures.

La polymérisation du produit dans le bois a également été étudiée par analyse IR des échantillons après traitement (figure 107).

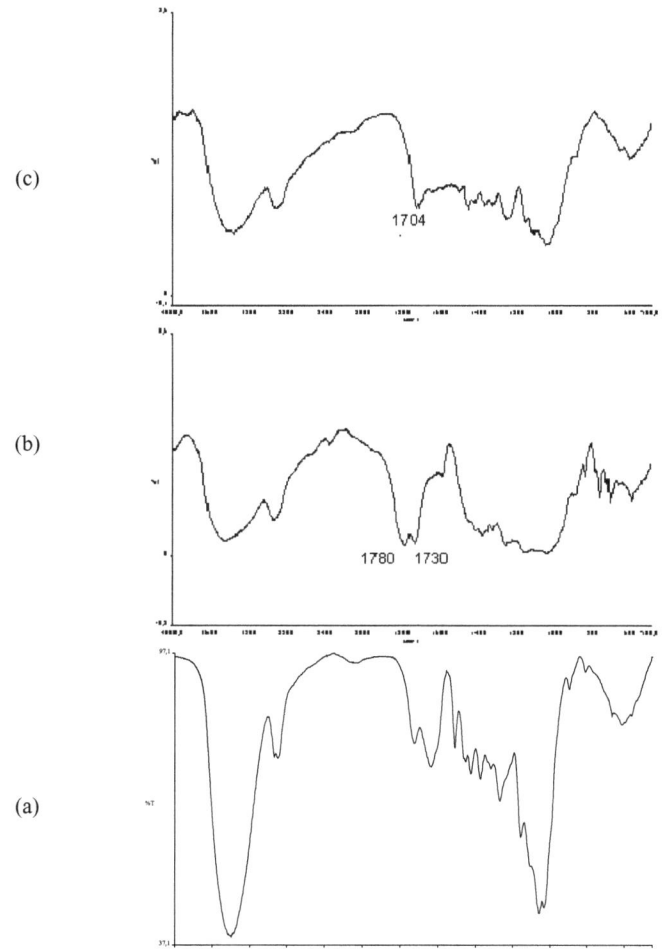

Figure 107. Spectres FTIR montrant la formation du polyuréthane dans le bois (a) hêtre témoin, (b) hêtre imprégné par le dicarbonate **24**, (c) hêtre imprégné par le dicarbonate **24** puis la diéthylènetriamine

Les spectres FTIR des sciures, obtenus après broyage des échantillons imprégnés successivement par le dicarbonate **24**, puis la diéthylènetriamine confirment la formation du polyuréthane. La disparition de la bande à 1780 cm⁻¹ caractéristique des fonctions carbonyle des carbonates cycliques au profit de bandes à 1704 cm⁻¹ caractéristiques de la formation des fonctions carbamate indique sans ambiguïté la formation du polyuréthane dans le bois.

L'effet du traitement sur la durabilité du bois a été évalué avec *Poria placenta*. Les résultats obtenus sont rapportés dans la figure 108 et le tableau 25. L'aspect des éprouvettes à la fin des 16 semaines d'exposition à *Poria placenta* indique clairement un effet protecteur du traitement réalisé avec le dicarbonate **24** et la diamine. En effet, alors que les éprouvettes témoins sont totalement recouvertes par le mycélium, les éprouvettes traitées n'ont pratiquement pas été colonisées par le champignon. Contrairement à ce qui avait été observé avec le dicarbonate obtenu à partir du PG3, aucune différence n'est observée entre les éprouvettes ayant subi un lessivage ou non.

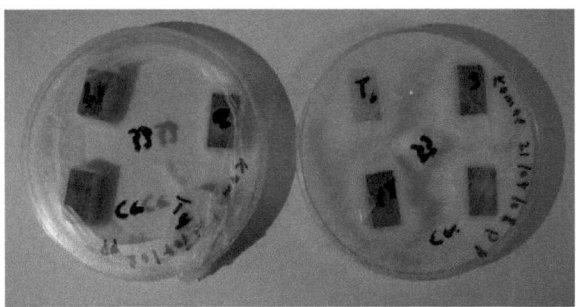

Eprouvettes imprégnées   Eprouvettes imprégnées
sans lessivage   avec lessivage

Figure 108. Aspect des éprouvettes imprégnées ou non par le polyuréthane obtenu suite à l'imprégnation du dicarbonate **24** puis de la diéthylènetriamine après 16 semaines d'exposition à *Poria placenta*

Tableau 25. Pertes de masse des éprouvettes traitées avec de dicarbonate **24** et différentes diamines (voie 2)

Solution d'imprégnation	éprouvette	m_0 (g)	m_1 (g)	Perte de masse (%)
Dicarbonate **24** (10 g) dans l'acétone (50 ml), puis hexanediamine (3,35 g) dans le CH_2Cl_2 (50 ml) sans lessivage	témoin	1,16	0,95	18,14
	traitée [c]	1,18	1,14	3,11 ± 0,30
Dicarbonate **24** (10 g) dans l'acétone (50 ml), puis hexanediamine (3,35 g) dans le CH_2Cl_2 (50 ml) avec lessivage [a]	témoin	1,11	0,88	20,83
	traitée [c]	1,07	1,04	3,15 ± 0,18
Dicarbonate **24** (10 g) dans l'acétone (50 ml), puis hexanediamine (3,35 g) dans le CH_2Cl_2 (50 ml) avec lessivage [b]	témoin	1,13	0,89	21,23
	traitée [c]	1,09	1,05	3,72 ± 0,55
Dicarbonate **24** (10,5 g) dans l'acétone (50 ml), puis diéthylènetriamine (3,12 g) dans l'eau (50 ml) sans lessivage	témoin	1,13	0,87	22,92
	traitée [c]	1,35	1,32	2,06 ± 0,36
Dicarbonate **24** (10,5 g) dans l'acétone (50 ml), puis diéthylènetriamine (3,12 g) dans l'eau (50 ml) avec lessivage [b]	témoin	1,15	0,79	30,86
	traitée [c]	1,33	1,30	2,26 ± 0,03

[a] lessivée à l'acétone au Soxhlet durant 6 h
[b] lessivée à l'eau au Soxhlet durant 6 h
[c] moyenne sur 3 éprouvettes

Les résultats obtenus montrent que les éprouvettes modifiées présentent une résistance améliorée à la dégradation fongique. En effet, les éprouvettes traitées, lessivées ou non, présentent des pertes de masse très faibles comparativement aux éprouvettes témoins qui sont fortement dégradées. L'observation visuelle des éprouvettes en fin d'essai indique également que le mycélium ne se développe pas ou très peu sur les éprouvettes traitées.

III.2.3. Traitement du bois par les polyuréthanes issus de la voie 3

Les traitements ont été réalisés en effectuant une première imprégnation avec les dicarbonates obtenus en faisant réagir le carbonate de glycérol avec différentes diamines puis le carbonate de diméthyle, suivie d'une seconde imprégnation avec une diamine pour conduire à la formation d'un polyuréthane. Les résultats sont rapportés dans le tableau 26.

Tableau 26. Imprégnation des éprouvettes de hêtre avec les dicarbonates **52**, **54**, **55** obtenus par la voie 3 et différentes diamines

Traitement	Solution d'imprégnation	Lessivage	Avant lessivage		Après lessivage		Produit lessivé (%)
			Gain de masse (%)	ASE (%)	Gain de masse (%)	ASE (%)	
A	Dicarbonate **52** (16 g) dans le CH$_2$Cl$_2$ (50 ml), puis éthylenediamine (2,72 g) dans l'eau (50 ml)	Eau [a]	27,5	16,8	8,7	3,9	68,1
		Acétone [b]	26,8	18,4	14,1	6,7	47,7
		CH$_2$Cl$_2$ [c]	27,9	20,2	21,6	14,5	22,4
		Eau [d]	25,3	18,3	19,1	15,8	24,3
B	Dicarbonate **54** (15 g) dans le CH$_2$Cl$_2$ (50 ml), puis hexanediamine (4,95 g) dans le CH$_2$Cl$_2$ (50 ml)	Eau [a]	23,5	17,1	7,3	2,9	68,6
		Acétone [b]	24,6	19,4	10,8	5,3	56,6
		CH$_2$Cl$_2$ [c]	24,4	22,1	11,1	13,1	54,5
		Eau [d]	21,9	17,5	15,3	12,8	30,3
C	Dicarbonate **55** (15 g) dans le CH$_2$Cl$_2$ (50 ml), puis diéthylenetriamine (9 g) dans l'eau (50 ml)	Eau [a]	28,7	20,2	10,5	4,8	64,4
		Acétone [b]	29,1	21,1	12,6	7,7	56,4
		CH$_2$Cl$_2$ [c]	30,2	24,5	22,3	14,4	26,1
		Eau [d]	29,5	24,3	17,1	16,2	42,3

(a) Lessivage au soxhlet à l'eau pendant 6 h, moyenne sur 6 éprouvettes
(b) Lessivage au soxhlet à l'acétone pendant 6 h, moyenne sur 6 éprouvettes
(c) Lessivage au soxhlet, dichlorométhane pendant 6 h, moyenne sur 6 éprouvettes
(d) Lessivage à l'eau froide avec changement de l'eau après1 h, 2 h, 4 h, 12 h, moyenne sur 6 éprouvettes

L'analyse du tableau 26 montre que les gains de masse obtenus sont compris entre 25 et 30%. L'utilisation de diamines en phase aqueuse conduit à des gains de masse un peu plus importants que ceux obtenus avec une diamine en phase solvant. Cette différence s'explique en prenant en compte l'aptitude des différents solvants à faire gonfler le bois et donc à faire pénétrer le produit dans le matériau. Dans tous les cas, on observe un effet du traitement sur l'augmentation de la stabilité dimensionnelle du bois.

Après lessivage, on observe une diminution du gain de masse plus ou moins importante en fonction de la nature du solvant et du mode de lessivage utilisé. On note toutefois qu'une partie importante du produit reste imprégnée dans le bois, traduisant la formation du polyuréthane qui présente meilleure résistance au lessivage contrairement aux monomères ou oligomères de départ.

La formation du polyuréthane peut être visualisée sur les spectres infrarouges après broyage d'une partie des éprouvettes imprégnées. La disparition de la bande caractéristique du carbonate cyclique à 1780 cm^{-1} indique à nouveau la formation du polyuréthane (figure 109).

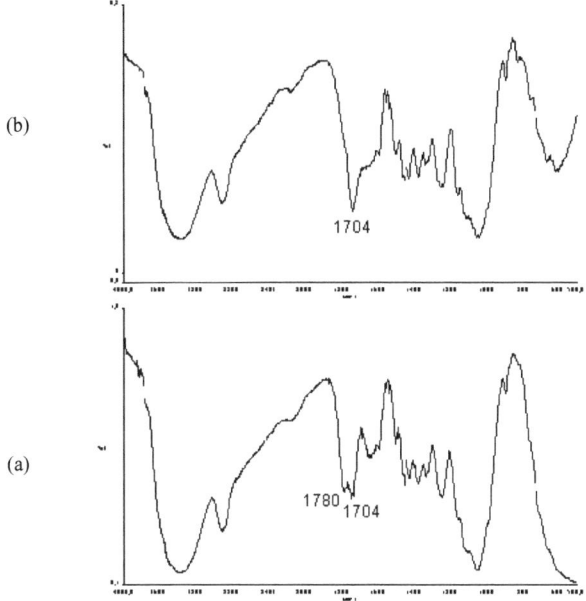

Figure 109. Spectres FTIR montrant la formation du polyuréthane dans le bois, (a) hêtre imprégné par le produit **52**, (b) hêtre imprégné par le produit **52** puis l'éthylènediamine

L'effet du traitement sur l'augmentation de durabilité du bois a été évalué avec *Poria placenta*. Les résultats sont rapportés dans la figure 110 et le tableau 27.

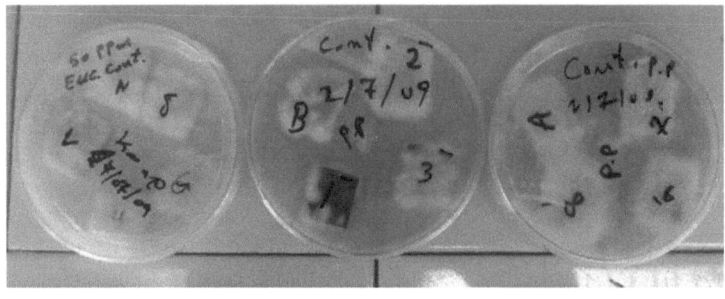

| Témoin | Eprouvettes imprégnées puis lessivées | Eprouvettes imprégnées sans lessivage |

Figure 110. Aspect des éprouvettes imprégnées par le polyuréthane obtenu suite à l'imprégnation du produit **52** puis de l'éthylènediamine après 16 semaines d'exposition à *Poria placenta*

Tableau 27. Pertes de masse des éprouvettes traitées avec les dicarbonates **52**, **54**, **55** et différentes diamines (voie 3)

Solution d'imprégnation	éprouvette	m_0 (g)	m_1 (g)	Perte de masse (%)
Dicarbonate **52** (16 g) dans le CH_2Cl_2 (50 ml), puis éthylenediamine (2,72 g) dans l'eau (50 ml) sans lessivage	témoin	1,20	0,95	20,31
	traitée [c]	1,24	1,20	3,74 ± 0,52
Dicarbonate **52** (16 g) dans le CH_2Cl_2 (50 ml), puis éthylenediamine (2,72 g) dans l'eau (50 ml) avec lessivage [a]	témoin	1,13	0,87	22,61
	traitée [c]	1,16	1,10	5,21 ± 0,29
Dicarbonate **54** (15 g) dans le CH_2Cl_2 (50 ml), puis hexanediamine (4,95 g) dans le CH_2Cl_2 (50 ml) sans lessivage	témoin	1,18	0,94	20,3
	traitée [c]	1,11	1,06	4,59 ± 0,29
Dicarbonate **54** (15 g) dans le CH_2Cl_2 (50 ml), puis hexanediamine (4,95 g) dans le CH_2Cl_2 (50 ml) avec lessivage [b]	témoin	1,12	0,86	22,96
	traitée [c]	1,16	1,09	5,69 ± 0,26
Dicarbonate **55** (15 g) dans le CH_2Cl_2 (50 ml), puis diéthylenetriamine (9 g) dans l'eau (50 ml) sans lessivage	témoin	1,15	0,88	23,09
	traitée [c]	1,16	1,12	3,29 ± 0,27
Dicarbonate **55** (15 g) dans le CH_2Cl_2 (50 ml), puis diéthylenetriamine (9 g) dans l'eau (50 ml) avec lessivage [a]	témoin	1,079	0,834	22,71
	traitée [c]	1,12	1,06	4,67 ± 0,17

[a] lessivée à l'eau au Soxhlet durant 6h
[b] lessivée à l'acétone au Soxhlet durant 6h
[c] moyenne sur 3 éprouvettes

Bien que l'on observe un fort développement du mycélium dans certaines boîtes de Pétri, les dégâts causés aux éprouvettes restent relativement modestes. En effet, les pertes de masse sont comprises entre 4 et 6% pour les éprouvettes lessivées et entre 3 et 5% pour les éprouvettes non lessivées, indiquant une meilleure résistance des éprouvettes traitées face aux agressions fongiques comparativement aux éprouvettes non traitées.

IV. Conclusions et perspectives

Les résultats obtenus au cours de ce travail ont permis de mettre au point la synthèse de polyuréthanes à partir de dérivés du glycérol tels que le carbonate de glycérol et le dicarbonate de polyglycérol. Dans tous les cas, nous nous sommes attaché à développer des méthodes de synthèse respectueuses de l'environnement s'inscrivant dans un cadre plus général du développement durable. En effet, les méthodes développées respectent un certain nombre des concepts de la chimie verte tels que le recours à l'utilisation de matières premières renouvelables ou la mise en œuvre de méthodes plus sécuritaires prévenant les risques d'accident ou de pollution.

En effet, même si les méthodes que nous avons développées n'utilisent pas exclusivement des produits d'origine végétale et peu toxiques, nous nous sommes efforcé de limiter au maximum l'utilisation de produits pouvant poser des problèmes au niveau de l'environnement. Le carbonate de glycérol et le polyglycérol sont des produits peu toxiques[100] issus de la filière diester de *Novance*, le carbonate de diméthyle utilisé pour les réactions de carbonatation est un produit décrit comme également peu toxique et respectueux de l'environnement[101]. Les diamines et les diacides utilisés au cours de nos synthèses sont des produits d'origine commerciale et probablement d'origine pétrochimique, mais leur synthèse peut également être envisagée à partir d'huiles végétales. En effet, *Novance* produit déjà des diacides qui peuvent également servir de matières premières pour la synthèse de diamines avec des méthodes classiques de la chimie organique.

D'un point de vue sécuritaire, le développement de produits en phase aqueuse ainsi que l'utilisation de la réaction de di ou polycarbonates cycliques et de diamines pour synthétiser des polyuréthanes constituent des avantages indéniables.

L'application au traitement du bois a montré qu'il était possible de développer des traitements en deux étapes impliquant une première imprégnation avec le di ou polycarbonate, suivi d'une deuxième imprégnation avec la diamine. Ces traitements peuvent

---

[100] A. Behr, J.K. Irawada, (2008). Improved utilisation of renewable resources: New important derivatives of glycerol. Leschinski. *J. Grenn Chem, 10, (1), 13-30*
[101] M. Selva, A. Perosa, (2008). Green chemistry metrics: A comparative evaluation of dimethyl carbonate, methyl iodide, dimethyl sulfate and methanol as methylating agents. *Green Chem, 10, (4), 457-464*

être réalisés en phase aqueuse ou non en fonction de la solubilité respective des différents dicarbonates et diamines utilisés. De ce point de vue, le dicarbonate de polyglycérol obtenu à partir du PG3 (voie 1) permet de développer des traitements en phase aqueuse du fait de sa solubilité dans l'eau, alors que les dicarbonates obtenus selon les voies 2 et 3 nécessitent l'utilisation d'acétone pour effectuer la première imprégnation. Après polymérisation, les produits sont plus ou moins bien fixés dans le bois en fonction de leur solubilité initiale et du solvant de lessivage utilisé. Les polyuréthanes obtenus à partir de produits de départ hydrosolubles sont généralement plus lessivés que ceux obtenus à partir de produits présentant une faible solubilité dans l'eau.

Dans tous les cas la formation du polyuréthane dans le bois permet d'augmenter la stabilité dimensionnelle du matériau et sa résistance à l'attaque fongique causée par la pourriture brune *Poria placenta*. Le développement du champignon dépend de la nature du polyuréthane formé : dans le cas des éprouvettes traitées avec les polyuréthanes issus de la voie 2 utilisant un diacide comme maillon de jonction entre deux unités carbonate de glycérol, le mycélium ne se développe pas à la surface du bois probablement du fait de l'hydrophobicité du produit, alors que dans le cas des polyuréthanes issus des voies 1 et 3, les éprouvettes sont totalement colonisées sans que le bois soit attaqué. Cette observation permet de penser que seule la modification chimique du bois est à l'origine de l'augmentation de durabilité et que le polyuréthane ne possède pas de propriétés biocides intrinsèques faisant du traitement une alternative non biocide aux traitements de préservation classiques du bois ayant recours à l'utilisation de biocides.

Ces différents résultats font actuellement l'objet d'une demande de brevet portant sur l'application des polyuréthanes précédents au traitement du bois.

Des essais ont également été réalisés avec le dicarbonate de polyglycérol (DCPG3) pour tenter d'utiliser les polyuréthanes précédents pour des applications dans le cadre du collage du bois. Différentes tentatives pour réaliser soit des panneaux de particules, soit pour coller des pièces de bois n'ont pas conduit aux résultats escomptés. Dans tous les cas, il semble que le polymère obtenu ne présente pas un degré de polymérisation suffisant pour conférer les propriétés recherchées. Le mode de polymérisation ainsi que la nature des produits de départ utilisés expliquent probablement les résultats obtenus. En effet, il est connu que les polymères obtenus par réaction de polycondensation présentent généralement un degré de polymérisation faible comparativement aux polymères obtenus par polyaddition. Ce type de polymérisation est également très sensible à la présence d'impuretés dans les produits de départ ou à la présence de réactions secondaires pouvant conduire à un degré de polymérisation plus faible des produits obtenus. Des réactions intramoléculaires de cyclisation intramoléculaire peuvent par exemple influencer considérablement le DP du polymère conduisant ainsi à des oligomères de taille moins importante. Une solution pour remédier à ce problème serait d'utiliser des produits de départ plus purs de structure mieux définie de façon à atteindre des DP plus élevés.

V. Partie expérimentale

V.1. Indication générale

- RMN

- Les spectres RMN ^{1}H, ^{13}C en phase liquide ont été enregistrés sur un spectromètre Bruker DRX 400 à une fréquence de résonance de 400 MHz, les déplacements chimique sont exprimés en parties par million (ppm). Les abréviations suivantes ont été utilisées pour décrire les différents signaux : s pour singulet, d pour doublet, dd pour doublet de doublet, t pour triplet et m pour multiplet. Différents solvants deutérés ont été utilisés suivant la solubilité des composés à analyser. Leur nature exacte est précisée dans chaque cas.

- Infrarouge

- Les spectres d'absorption infrarouge ont été enregistrés sur un spectromètre FTIR Perkin Elmer Spectrum 1000 à partir de film entre deux pastilles de NaCl pour les produits liquides et sous forme de pastille de KBr pour les produits solides. Les bandes caractéristiques des produits sont exprimées en cm^{-1}.

- Chromatographie

- Sur couche mince : elles sont réalisées sur des plaques de silice Merck (5535) KIESELGEL 60F254 puis révélées à l'acide sulfurique. L'éluant est précisé pour chaque analyse.

- Sur colonne en utilisant le gel de silice 60 Merck (7734), possédant une granulométrie comprise entre 0,040 et 0,063 mm.

- Analyse thermogravimétrique

- Les analyses TG/ATD ont été effectuées sur un appareillage TG-DTG 92 (Setaram). Cet appareil est couplé à un spectromètre de masse pour analyser les produits volatils formés lors de la dégradation des composés analysés. L'ionisation de ces composés volatils se fait par impact électronique. Les creusets d'analyse sont en alumine et la masse d'échantillon nécessaire est d'environ 60 mg.

- Analyse micro-ondes

- Les expériences sous micro-ondes sont effectuées sur un appareil Biotage Initiator™, avec les paramètres suivants : absorbance normale, agitation durant toute la durée de l'expérience et décompte du temps de réaction après avoir atteint le palier de température fixé. La température est mesurée par une sonde infrarouge.

- Analyse chromatographique d'exclusion stérique (GPC)

- Le degré de polymérisation des polymères a été déterminé grâce à une analyse chromatographique d'exclusion stérique (GPC). La colonne utilisée a été la colonne Phenogel à billes de 5 µm, dont la précision est maximale pour des masses molaires comprises entre 500 et 6000 g/mol ; le diamètre des pores est de 10 nm et la détection est effectuée par un réfractomètre. Le volume de la boucle d'injection est de 20 µl et le solvant d'élution est le DMF. Avant chaque utilisation, la colonne a été calibrée au moyen de 6 étalons de polyéthylène glycol de masse molaire (Mw) déterminée : 200, 400, 600, 1000, 3000 et 6000 g/mol. La calibration de la méthode a permis de porter log (Mw) en fonction du temps de la rétention et de déterminer la zone linéaire. Elle se situe ici entre cinq et dix minutes de rétention dans la colonne. En dehors de ces limites, les masses molaires ne sont plus significatives.

- Produits

- Les produits et réactifs chimiques utilisés au cours de cette étude proviennent des sociétés Acros Organics (Noisy le grand, France) et Fluka-Sigma-Aldrich Chimie SARL, (St Quentin Fallavier, France). Les produits industriels nous ont été fournis par *Novance* : le carbonate de glycérol, le glycérol, le polyglycérol PG3, le polyglycérol PG10.

- Solvants

- Certains solvants ont été achetés suffisamment anhydres pour être utilisés directement : la pyridine, le méthanol et le toluène (Riedel De Haen). D'autres ont été purifiés et séchés par distillation, le dichlorométhane sur P_2O_5 et la DMF sur CaH_2, et conservés sur tamis moléculaire.

V.2. Caractérisation des produits fournis par *Novance*

- *Carbonate de glycérol*

Le carbonate de glycérol brut est purifié par une distillation sous pression réduite dans un montage approprié. Après avoir éliminé la fraction de tête, le carbonate de glycérol est récupéré sous forme d'un liquide incolore visqueux à un palier de température de 152°C pour une pression de 5 mbar.

FTIR ν $_{C=O}$ **(NaCl film)**: 3401 cm^{-1} (large, OH); 2931 cm^{-1} (C-H aliphatique); 1780 cm^{-1} (C=O carbonate cyclique).

RMN ^1H **(DMSO d$_6$)**: δ = 3,52 ppm (dd, J$_1$ =16,6 Hz, J$_2$ = 3,1Hz, 2H, d); δ = 4,42 ppm (dd, J$_1$ = 21,1 Hz, J$_2$ = 1,5Hz, 2H, b); δ = 4,81-4,76 ppm (m, 1H, c); δ = 5,23 ppm (s, 1H, OH).

RMN ^{13}C **(DMSO d$_6$)**: δ =155,4 ppm (a) ; δ = 77,1 ppm (c); δ = 65,9 ppm (d); δ = 60,9 ppm (b).

- *Glycérol*

FTIR ν $_{C=O}$ **(NaCl film)**: 3403 cm^{-1} (large, OH); 2942 cm^{-1} (C-H aliphatique).

RMN ^1H **(DMSO d$_6$)**: δ = 3,27-3,43 ppm (m, 5H, a,b,c); δ = 4,41 ppm (s, 3H, OH).

RMN ^{13}C **(DMSO d$_6$)**: δ =70,2 ppm (b); δ = 62,7 ppm (a, c).

- *Polyéthylène glycol PG3*

FTIR ν $_{C=O}$ **(NaCl film)**: 3451 cm^{-1} (large, OH); 2971 cm^{-1} (C-H aliphatique).

RMN ^1H **(DMSO d$_6$)**: δ = 3,11-3,81 ppm (m); δ = 4,60-5,01 ppm (m, OH); δ = 1,12 ppm (s, 3H, CH$_3$).

RMN ^{13}C **(DMSO d$_6$)**: δ = 72,9 ppm; δ = 72,6 ppm; δ = 70,5 ppm; δ = 68,7 ppm; δ = 67,3 ppm; δ = 63,1 ppm; δ = 60,9 ppm.

- Polyéthylène glycol PG10

FTIR ν $_{C=O}$ **(NaCl film)**: 3465 cm^{-1} (large, OH); 2983 cm^{-1} (C-H aliphatique).
RMN ^1H **(DMSO d$_6$)**: δ = 3,14-3,75 ppm (m); δ = 4,39-4,76 ppm (m, OH).
RMN ^{13}C **(DMSO d$_6$)**: δ = 72,7 ppm; δ = 72,6 ppm; δ = 70,3 ppm; δ = 68,4 ppm; δ = 62,4 ppm; δ = 60,7 ppm; δ = 52,2 ppm.

V.3. Caractérisation des produits synthétisés par la voie 1

- Synthèse du DCPG3

Dans un ballon de 50 ml équipé d'un réfrigérant et d'un tube de garde de CaCl$_2$, on introduit 4 g (16 mmol) de PG3, une masse variable du carbonate de diméthyle CDM et une quantité catalytique 0,057 g (2,5 mmol) de K$_2$CO$_3$. Le mélange réactionnel est agité à la température de 70°C pendant 5 heures puis le méthanol et le CDM en excès sont éliminés par distillation sous pression réduite de 0,05 mbar à 40°C.

Structure modèle

FTIR ν $_{C=O}$ **(NaCl film)**: 3458 cm^{-1} (large, OH); 2983 cm^{-1} (C-H aliphatique); 1780 cm^{-1} (C=O carbonate cyclique); 1740 cm^{-1} (C=O carbonate acyclique); 1403 cm^{-1} (faible, CH$_2$); 1181 cm^{-1} (faible, CH); 1054 cm^{-1} (faible, OH).
RMN ^1H **(DMSO d$_6$)**: δ = 3,15-3,72 ppm (m); δ = 4,25-4,29 ppm (m, 2H, d); δ = 4,48-4,53 ppm (m, 2H, b); δ = 4,91 ppm (s, 1H, c); δ = 4,77-4,79 ppm (m, 1H, OH); δ = 1,09 ppm (s, 3H, CH$_3$).
RMN ^{13}C **(DMSO d$_6$)**: δ = 155,4 ppm (a), δ = 154,4 ppm (carbonate acyclique), δ = 77,2 ppm (c), δ = 66,9 ppm (d), δ = 61,5 ppm (b), δ = 75,7 ppm; δ = 73,1 ppm; δ = 73,0 ppm; δ = 66,2 ppm; δ = 66,1 ppm; δ = 60,9 ppm.

- Synthèse du DCPG10

Dans un ballon de 50 ml équipé d'un réfrigérant et d'un tube de garde de CaCl₂, on introduit 4 g dePG10 (6,5 mmol) dont la masse molaire est estimée à 614g/mol, un nombre d'équivalents variable de carbonate de diméthyle (CDM) et une quantité catalytique (0,045 g, 0,05 équivalent) de K_2CO_3. Le mélange réactionnel est agité à 70°C pendant 5 heures puis le méthanol et le CDM en excès sont éliminés par distillation sous pression réduite à 40°C.

FTIR v ₍c=o₎ **(NaCl film)**: 3501 cm⁻¹ (large, OH); 2976 cm⁻¹ (C-H aliphatique); 1780 cm⁻¹ (C=O carbonate cyclique); 1745 cm⁻¹ (C=O carbonate acyclique); 1405 cm⁻¹ (faible, CH₂); 1193 cm⁻¹ (faible, CH); 1063 cm⁻¹ (faible, OH).

RMN *¹H* **(DMSO d₆)**: δ = 3,16-3,68 ppm (m); δ = 4,24-4,29 ppm (m, 2H, d); δ = 4,49-4,51 ppm (m, 2H, b); δ = 4,92 ppm (s, 1H, c); δ = 4,78-4,79 ppm (m, 1H, OH).

RMN *¹³C* **(DMSO d₆)**: δ = 155,1 ppm (a), δ = 154,4 ppm (carbonate acyclique), δ = 76,4 ppm (c), δ = 69,8 ppm (d), δ = 69,6 ppm (b), δ = 75,01 ppm; δ = 74,8 ppm; δ = 74,78 ppm; δ = 65,4 ppm; δ = 65,3 ppm; δ = 59,9 ppm.

- Stabilité du DCPG3 dans l'eau

On prépare une solution de DCPG3 à 30% dans l'eau lourde (1,65 g de DCPG3, 5 ml de D₂O, densité 1,1 g/cm³) dans un tube RMN, ce dernier est chauffé à 50°C dans un bain d'eau pendant des temps différents (0 min, 30 min, 1 h 30) afin de vérifier la stabilité du produit. Parallèlement à ces essais, le même tube est laissé à vieillir à température ambiante durant plusieurs semaines (1, 2, 4). Aucune modification notable des signaux du spectre RMN n'a pu être détectée.

- Réaction du DCPG3 avec la buthylamine

Dans un ballon de 50 ml équipé d'un réfrigérant et un tube de garde de CaCl₂, on introduit 2 g (6,8 mmol, 294 g/mol) de DCPG3 et une masse variable (73,14 g/mol) de butylamine. Le mélange réactionnel est agité à la température de 40°C pendant 20 minutes.

FTIR ν $_{C=O}$ **(NaCl film)**: 3472 cm^{-1} (large, OH); 2946 cm^{-1} (C-H aliphatique); 1797 cm^{-1} (C=O carbonate cyclique); 1709 cm^{-1} (OC(O)NH fonction uréthane); 1415 cm^{-1} (faible, CH$_2$); 1173 cm^{-1} (faible, CH); 1112 cm^{-1} (faible, OH).

RMN ^{1}H (DMSO d$_6$): δ = 7,35 ppm (s, 2H, NH); δ = 3,46-3,25 ppm (m, 5H, b, c, d); δ = 3,08-2,91 ppm (m, protons du polyglycérol); δ = 2,27-2,29 ppm (m, 2H, e), δ = 0,90-1,62 ppm (m, 8H, f); δ = 1,30 ppm (s, 1H, g); δ = 0,91 ppm (s, 3H, CH$_3$).

RMN ^{13}C (DMSO d$_6$): δ = 154,4 ppm (a), δ = 78,1 ppm (c), δ = 66,9 ppm (d), δ = 61,5 ppm (b), δ = 76,6 ppm, 73,8 ppm, 71,4 ppm, 55,6 ppm, 49,6 ppm carbone du polyglycérol, δ = 31,0 ppm (e), δ = 28,6 ppm (f), δ = 13,4 ppm (g).

- Mode opératoire général pour la synthèse du polyuréthane

Dans un ballon de 50 ml équipé d'un réfrigérant et tube de garde de CaCl$_2$, on introduit 1 équivalent (2 g, 6,8 mmol, 294 g/mol) de DCPG3 avec 1 équivalent de différentes diamines. Le milieu réactionnel est ensuite soumis à une vive agitation (magnétique) et chauffé à 60°C durant 1 h. L'avancement de la réaction est contrôlé par IR. Le mélange réactionnel est évaporé sous pression réduite.

FTIR ν $_{C=O}$ **(NaCl film)**: 3462 cm^{-1} (large, OH); 2964 cm^{-1} (C-H aliphatique); 1791 cm^{-1} (C=O carbonate cyclique); 1705 cm^{-1} (OC(O)NH fonction uréthane); 1410 cm^{-1} (faible, CH$_2$); 1170 cm^{-1} (faible, CH); 1109 cm^{-1} (faible, OH).

RMN ^{1}H (DMSO d$_6$): δ = 7,01 ppm (s, 2H, NH); δ = 3,36-3,18 ppm (m, 5H, b, c, d); δ = 3,12-2,83 ppm (m, protons du polyglycérol); δ = 2,33-2,38 ppm (m, 2H, e), δ = 0,89-1,72 ppm (m, 8H, f); δ = 0,71 ppm (s, 3H, CH$_3$).

RMN ^{13}C (DMSO d$_6$): δ = 154,3 ppm (a), δ = 77,3 ppm (c), δ = 67,6 ppm (d), δ = 63,7 ppm (b), δ = 76,8 ppm, 75,0 ppm, 71,41 ppm, 54,9 ppm, 50,8 ppm carbone du polyglycérol, δ = 31,9 ppm (e), δ = 29,8 ppm (f), δ = 12,7 ppm (g).

V.4. Caractérisation des produits synthétisés par la voie 2

- Mode opératoire général pour l'estérification à l'aide de chlorures d'acide

Dans un réacteur bicol de 100 ml équipé d'un réfrigérant et d'une ampoule d'addition, on place 1 équivalent (2 g, 16 mmol) du carbonate de glycérol (118,09 g/mol) dilué dans 10 ml de dichlorométhane avec 1 équivalent (16 mmol, 1,71 g) de triéthylamine ou 1 équivalent (16 mmol, 1,33 g) de pyridine. Le mélange est refroidi à 0°C à l'aide d'un bain de glace. 1 équivalent de chlorure d'acide dilué dans 10 ml de dichlorométhane est additionné goutte à goutte au mélange réactionnel. Après addition, le bain de glace est retiré et le mélange laissé revenir à température ambiante. Après 4 h d'agitation à température ambiante, le milieu réactionnel est transvasé dans une ampoule à décanter puis traité avec de l'eau. La phase organique est séparée, lavée successivement avec une solution (2 x 50 ml) d'acide chlorhydrique (1 M), une solution glacée (2 x 50 ml) de bicarbonate de sodium à 5%, puis à l'eau avant d'être séchée sur sulfate de magnésium. Le solvant est évaporé sous vide et le produit obtenu caractérisé par RMN et FTIR.

- Produit **20**

Rendement (%): 68

FTIR ν $_{C=O}$ **(NaCl film)**: 2938 cm^{-1} (C-H aliphatique); 1784 cm^{-1} (C=O carbonate cyclique); 1741 cm^{-1} (C=O ester).

RMN ^1H **(CDCl$_3$ d_6)**: δ = 5,05 ppm (s, 1H, c); δ = 4,10-4,40 ppm (m, 3H, b, d); δ = 4,91 ppm (s, 1H, b); δ = 2,15 ppm (t, 3H, J$_3$ =2,8 Hz, f).

RMN ^{13}C **(CDCl$_3$ d_6)**: δ =170,8 ppm (e); δ = 156,1 ppm (a); δ = 77,6 ppm (c); δ = 74,4 ppm (d); δ = 66,4 ppm (b); 20,8 ppm (f).

- Produit **21**

Rendement (%): 95

FTIR ν $_{C=O}$ **(NaCl film)**: 2931 cm^{-1} (C-H aliphatique); 1787 cm^{-1} (C=O carbonate cyclique); 1743 cm^{-1} (C=O ester).

RMN ^{1}**H (CDCl$_3$ d_6)**: δ = 4,88 ppm (s, 1H, c); δ = 4,22-4,42 ppm (m, 4H, b, d); δ = 7,24-7,25 ppm (m, 2H, g, g'); δ = 7,35-7,39 ppm (m, 1H, g), δ = 7,79-7,95 ppm (m, 2H, f, f').

- Produit **22**

Rendement (%): 99

FTIR ν $_{C=O}$ **(NaCl film)**: 2959 cm^{-1} (C-H aliphatique); 1790 cm^{-1} (C=O carbonate cyclique); 1737 cm^{-1} (C=O ester).

RMN ^{1}**H (CDCl$_3$ d_6)**: δ = 4,95 ppm (s, 1H, c); δ = 4,25-4,52 ppm (m, 4H, b, d); δ = 2,28-2,29 ppm (m, 2H, f); δ = 0,90-1,62 ppm (m, 30H, g), δ = 0,82 ppm (t, 3H, J$_3$ =2,9 Hz, h).

RMN ^{13}**C (CDCl$_3$ d_6)**: δ = 173,5 ppm (e); δ = 154,8 ppm (a); δ = 74,3 ppm (c); δ = 66,4 ppm (d); δ = 63,2 ppm (b); δ = 35,6 ppm (f); δ = 23,0; 14,4; 23,1; 25,1; 29 à 31ppm plusieurs signaux (g); δ = 34,2 ppm (h).

- Mode opératoire général pour l'estérification à l'aide de chlorures de diacide

Dans un réacteur bicol de 100 ml équipé d'un réfrigérant et d'une ampoule d'addition, on place 2 équivalents (4 g, 33 mmol) de carbonate du glycérol dilué dans 10 ml de dichlorométhane avec 2 équivalents (33 mmol, 2,6 g) de pyridine ou triéthylamine. Le mélange est refroidi à 0°C à l'aide d'un bain de glace. 1 équivalent de chlorure de diacide dilué dans 10 ml de dichlorométhane est additionné goutte à goutte au mélange réactionnel. Après addition, le bain de glace est retiré et le mélange laissé revenir à température ambiante. Après 4 h d'agitation à température ambiante, le milieu réactionnel est transvasé dans une ampoule à décanter puis traité avec de l'eau. La phase organique est séparée, lavée successivement avec une solution (2 x 50 ml) d'acide chlorhydrique (1 M), une solution glacée (2 x 50 ml) de bicarbonate de sodium à 5%, puis à l'eau avant d'être séchée sur sulfate de magnésium. Le solvant est évaporé sous vide et le produit obtenu caractérisé par RMN et FTIR.

- Produit **23**

Rendement (%): 54

FTIR $\nu_{C=O}$ **(NaCl film)**: 2967 cm^{-1} (C-H aliphatique); 1781 cm^{-1} (C=O carbonate cyclique); 1741 cm^{-1} (C=O ester).

RMN ^{1}H (DMSO d_6): $\delta = 5,06$ ppm (s, 1H, c); $\delta = 4,35$-4,57 ppm (m, 6H, b, d); $\delta = 4,05$-4,32 ppm (m, 2H, b); $\delta = 2,60$- 2,64 ppm (m, 4H, f).

RMN ^{13}C (DMSO d_6): $\delta = 172,0$ ppm (e); $\delta = 155,1$ ppm (a); $\delta = 74,4$ ppm (c); $\delta = 66,4$ ppm (d); $\delta = 63,7$ ppm (b); $\delta = 28,8$ ppm (f).

- Produit **24**

Rendement (%): 77

FTIR $\nu_{C=O}$ **(NaCl film)**: 2977 cm^{-1} (C-H aliphatique); 1801 cm^{-1} (C=O carbonate cyclique); 1734 cm^{-1} (C=O ester).

RMN ^{1}H (DMSO d_6): $\delta = 5,04$ ppm (s, 1H, c); $\delta = 4,52$-4,58 ppm (m, 6H, b, d); $\delta = 4,10$-4,33 ppm (m, 2H, b); $\delta = 2,52$- 2,63 ppm (m, 4H, f); $\delta = 1,53$- 1,60 ppm (m, 4H, g);

RMN ^{13}C (DMSO d_6): $\delta = 172,6$ ppm (e); $\delta = 155,0$ ppm (a); $\delta = 74,6$ ppm (c); $\delta = 66,3$ ppm (d); $\delta = 60,0$ ppm (b); $\delta = 33,2$ ppm (f), $\delta = 23,0$ ppm (g).

- Mode opératoire général pour la réaction des monoisocyanates avec le carbonate de glycérol

Dans un ballon de 50 ml équipé d'un réfrigérant et d'un tube de garde de $CaCl_2$, on introduit 2 équivalents (4 g, 33 mmol) du carbonate de glycérol avec 1 équivalent de monoisocyanates sans solvant pour les isocyanates liquides. L'utilisation des isocyanates solides nécessite 20 ml d'un solvant pouvant être le dichlorométhane ou le toluène, suivant la solubilité des isocyanates. Le mélange est agité pendant 1h à 60°C puis évaporé sous vide.

- Produit **26**

Rendement (%): 98

FTIR ν $_{C=O}$ **(NaCl film)**: 3401 cm^{-1} (large, NH); 2931 cm^{-1} (C-H aliphatique); 1785 cm^{-1} (C=O carbonate cyclique); 1705 cm^{-1} (C=O carbamate).

RMN ^1H (DMSO d_6): δ = 4,90 ppm (s, 1H, c); δ = 4,40-4,49 ppm (m, 3H, b, d); δ = 4,29-4,30 ppm (m, 1H, b); δ = 7,02-7,11 ppm (m, 1H, i), δ = 7,21-7,25 ppm (m, 2H, h, h'); δ = 7,22-7,21 ppm (m, 2H, g, g'); δ = 9,00 ppm (s, 1H, NH).

RMN ^{13}C (DMSO d_6): δ = 162,6 ppm (e); δ = 154,4 ppm (a); δ = 75,9 ppm (c); δ = 67,2 ppm (d); δ = 64,9 ppm (b); δ = 119,6 ppm (g); δ = 124,0 ppm (i); δ = 130,1 ppm (h); δ = 140,2 ppm (f).

- Produit **27**

Rendement (%): 99

FTIR ν $_{C=O}$ **(NaCl film)**: 3401 cm^{-1} (large, NH); 2982 cm^{-1} (C-H aliphatique); 1787 cm^{-1} (C=O carbonate cyclique); 1709 cm^{-1} (C=O carbamate).

RMN ^{1}*H* **(DMSO d$_6$)**: δ = 4,98 ppm (s, 1H, c); δ = 4,19-4,55 ppm (m, 3H, b, d); δ = 4,29-4,35 ppm (m, 1H, b); δ = 2,47-2,51 ppm (m, 2H, f), δ = 0,98-1,41 ppm (m, 6H, g); δ = 0,85 ppm (m, 3H, J$_3$ = 3,3 Hz, h); δ = 7,36 ppm (s, 1H, NH).

RMN ^{13}*C* **(CDCl$_3$ d$_6$)**: δ = 163,9 ppm (e); δ = 154,5 ppm (a); δ = 73,2 ppm (c); δ = 62,4 ppm (d); δ = 59,2 ppm (b); δ = 32,7 ppm (f); δ = 124,0 ppm (i); δ = 29,1; 18,4 ppm (g); δ = 14,2 ppm (h).

- Produit **28**

Rendement (%) : 97

FTIR ν $_{C=O}$ **(NaCl film)**: 3411 cm^{-1} (large, NH); 2989 cm^{-1} (C-H aliphatique); 1790 cm^{-1} (C=O carbonate cyclique); 1707 cm^{-1} (C=O carbamate).

RMN ^{1}*H* **(DMSO d$_6$)**: δ = 4,95 ppm (s, 1H, c); δ = 4,20-4,57 ppm (m, 3H, b, d); δ = 4,27-4,36 ppm (m, 1H, b); δ = 2,37-2,61 ppm (m, 2H, f), δ = 0,96-1,43 ppm (m, 10H, g); δ = 0,83 ppm (m, 3H, J$_3$ = 3,7 Hz, h); δ = 7,35 ppm (s, 1H, NH).

- Produit **29**

Rendement (%): 94

FTIR ν $_{C=O}$ **(NaCl film)**: 3435 cm^{-1} (large, NH); 2972 cm^{-1} (C-H aliphatique); 1791 cm^{-1} (C=O carbonate cyclique); 1704 cm^{-1} (C=O carbamate).

RMN ^{1}*H* **(DMSO d$_6$)**: δ = 4,93 ppm (s, 1H, c); δ = 4,19-4,54 ppm (m, 3H, b, d); δ = 4,23-4,32 ppm (m, 1H, b); δ = 2,36-2,58 ppm (m, 2H, f), δ = 0,99-1,44 ppm (m, 12H, g); δ = 0,87 ppm (m, 3H, J$_3$ = 3,5 Hz, h); δ = 7,42 ppm (s, 1H, NH).

- Produit **30**

Rendement (%): 88

FTIR ν _{C=O} **(NaCl film)**: 3430 (large, NH); 2972 cm^{-1} (C-H aliphatique); 1791 cm^{-1} (C=O carbonate cyclique); 1704 cm^{-1} (C=O carbamate).

RMN ^{1}H (DMSO d_6): δ = 4,80 ppm (s, 1H, c); δ = 4,10-4,47 ppm (m, 3H, b, d); δ = 4,20-4,25 ppm (m, 1H, b); δ = 2,21-2,60 ppm (m, 2H, f), δ = 0,81-1,40 ppm (m, 18H, g); δ = 0,84 ppm (m, 3H, J$_3$ = 2,9 Hz, h); δ = 7,38 ppm (s, 1H, NH).

- Mode opératoire général pour la réaction des diisocyanates avec le carbonate de glycérol

Dans un ballon de 100 ml équipé d'un réfrigérant et d'un tube de garde à CaCl$_2$, on introduit 2 équivalents (4 g, 33 mmol) de carbonate du glycérol dilué dans 10 ml de toluène ou le dichlorométhane avec 1 équivalent de diisocyanates. Le mélange est agité pendant 2 h à 60°C puis évaporé sous vide. L'avancement de la réaction est contrôlé par IR.

- Produit **31**

Rendement (%): 94

FTIR ν _{C=O} **(NaCl film)**: 3440 cm^{-1} (large, NH); 2981 cm^{-1} (C-H aliphatique); 1780 cm^{-1} (C=O carbonate cyclique); 1705 cm^{-1} (C=O carbamate).

RMN ^{1}H (DMSO d_6): δ = 3,63-4,62 ppm (m, 10H, b, d, j); δ = 4,71-5,05 ppm (m, 2H, c, d); δ = 7,24- 7,30 ppm (m, 2H, h); δ = 7,38-7,41 ppm (m, 2H, g); δ = 9,00 ppm (s, 2H, NH).

- Produit **32**

Rendement (%): 95

FTIR ν _{C=O} **(NaCl film)**: 3405 cm^{-1} (large, NH); 2996 cm^{-1} (C-H aliphatique); 1782 cm^{-1} (C=O carbonate cyclique); 1704 cm^{-1} (C=O carbamate).

RMN ^{1}***H*** **(DMSO d$_6$)**: δ = 4,91-4,98 ppm (m, 2H, c); δ = 4,19-4,55 ppm (m, 8H, b, d); δ = 4,32-4,35 ppm (m, 2H, b); δ = 3,48- 3,50 ppm (m, 4H, f); δ = 1,95-1,43 ppm (m, 8H, g); δ = 7,36 ppm (s, 2H, NH).

- Mode opératoire pour la synthèse du polyuréthane

Dans un ballon de 50 ml équipé d'un réfrigérant et d'un tube de garde de CaCl$_2$, on introduit 1 équivalent de dicarbonate **24** (2 g, 8,7 mmol) avec 1 équivalent (8,7 mmol, 1,01 g) d'hexanediamine dans 20 ml de dichorométhane. Le milieu réactionnel est ensuite soumis à une vive agitation (magnétique) et chauffé à 60°C durant 1 h. L'avancement de la réaction est contrôlé par IR. Le mélange réactionnel est évaporé sous pression réduite.

FTIR ν _{C=O} **(NaCl film)**: 3461 cm^{-1} (large, OH); 2950 cm^{-1} (C-H aliphatique); 1796 cm^{-1} (C=O carbonate cyclique); 1709 cm^{-1} (OC(O)NH fonction uréthane); 1414 cm^{-1} (faible, CH$_2$); 1172 cm^{-1} (faible, CH); 1108 cm^{-1} (faible, OH).

RMN ^{1}***H*** **(DMSO d$_6$)**: δ = 7,26 ppm (s, 2H, NH); δ = 3,91-3,86 ppm (m, 3H, a, c); δ = 3,74-2,76 ppm (m, 2H, a, b); δ = 3,47-3,48 ppm (m, 4H, g), δ = 3,30-3,27 ppm (m,4H, e,f); δ = 2,96 ppm (s, 2H, e); δ = 1,62-1,39 ppm (m, 4H, h); δ = 1,29-1,21 ppm (m, 4H, h').

RMN ^{13}***C*** **(DMSO, d$_6$)**: δ = 156,5 ppm (d); δ = 155,6 ppm (d'); δ = 67,3 ppm (a, c); δ = 65,3 ppm (b); δ = 40,3 ppm (g); δ = 40,5 ppm (e); δ = 28,7 ppm (h); δ = 26,6 ppm (f).

V.5. Caractérisation des produits synthétisés par la voie 3

- *Mode opératoire général pour la réaction du carbonate de glycérol avec une amine*

Dans un ballon de 50ml, on place 1 équivalent (4 g, 16 mmol) du carbonate de glycérol avec un 1 équivalent de différentes amines à des différentes températures. Le milieu réactionnel est ensuite mis sous vive agitation magnétique et chauffé à 60°C durant 1 h. L'avancement de la réaction est contrôlé par IR. Le brut réactionnel est évaporé sous pression réduite.

- Produits **35**, **36**, **37**, **39**

*n : nombre d'atomes de carbone de la chaîne hydrocarbonée moins les carbones en α et en β de la fonction carbamate

FTIR ν $_{C=O}$ (NaCl film): 3462 cm^{-1} (large, OH); 2952 cm^{-1} (C-H aliphatique); 1704 cm^{-1} (OC(O)NH carbamate); 1404 cm^{-1} (faible, CH$_2$); 1181 cm^{-1} (faible, CH); 1154 cm^{-1} (faible, OH).

RMN ^{1}H (DMSO d$_6$): δ = 7,24 ppm (s, 1H, NH); δ = 4,09-4,10 ppm (m, 2H, a); δ = 3,86-3,86 ppm (m, 1H, b); δ = 3,53-3,64 ppm (m, 2H,c), δ = 3,10-3,12 ppm (m, 2H, e); δ = 1,25-1,32 ppm (s, 2nH, f); δ = 0,84-0,88 ppm (m, 4H, g).

RMN ^{13}C (DMSO, d$_6$): δ = 156,7 ppm (d); δ = 76,3 ppm (a'); δ = 66,1 ppm (a); δ = 63,5 ppm (c); δ = 62,9 ppm (b'); δ = 41,5 ppm (e); δ = 23,1-30,2 ppm (nf); δ = 14,5 ppm (g).

- *Mode opératoire général pour la synthèse des dicarbonates*

Dans un ballon monocol de 50 ml muni d'un réfrigérant à boules surmonté d'une garde à CaCl$_2$, sont introduits successivement 1 équivalent (4 g, 16 mmol) du carbonate de glycérol avec 0,5 équivalent de diamine. Le milieu est mis sous agitation et porté à 60°C pendant 5 h.

- Produits **48**, **49**, **50** et **51**

FTIR $\nu_{C=O}$ **(NaCl film)**: 3455 cm^{-1} (large, OH); 2938 cm^{-1} (C-H aliphatique); 1707 cm^{-1} (OC(O)NH carbamate); 1407 cm^{-1} (faible, CH$_2$); 1198 cm^{-1} (faible, CH); 1150 cm^{-1} (faible, OH).

RMN ^{1}H (DMSO d$_6$): δ = 7,22 ppm (s, 2H, NH); δ = 4,55 ppm (s, 4H, c); δ = 3,29 ppm (s, 4H, b'); δ = 2,93 ppm (s, 2H, e), δ = 1,37-1,39 ppm (m, 2H, f); δ = 1,19-1,29 ppm (s, 2nH, g).

RMN ^{13}C (DMSO, d$_6$): δ = 157,6 ppm (d); δ = 455,7 ppm (d'); δ = 75,5 ppm (a'); δ = 70,1 ppm (b); δ = 65,9 ppm (a); δ = 63,5 ppm (b); δ = 60,3 (c); δ = 27,7 ppm (f, f'); δ = 29,4 ppm, δ = 29,14 ppm (g).

- *Mode opératoire général pour la synthèse des dicarbonates* **52**, **53**, **54** et **55**

Dans un ballon monocol de 50 ml surmonté d'un réfrigérant à boules et d'une garde à CaCl$_2$ sont introduits successivement 1 équivalent de dicarbonates (2 g), 2 équivalents de carbonate de diméthyle et 0,05 équivalent de K$_2$CO$_3$. Le mélange est mis sous agitation magnétique et porté à reflux 70°C durant 5 h. L'avancement de la réaction est contrôlé par IR. Le méthanol et le CDM en excès sont distillés à pression réduite de 0,05 mbar à 40°C. Le produit ne nécessite pas de purification particulière.

- Produits **52**, **53**, **54** et **55**

*n : nombre d'atomes de carbone de la chaîne hydrocarbonée moins les carbones en α et en β de la fonction carbamate

FTIR $\nu_{C=O}$ **(NaCl film)**: 3408 cm^{-1} (large, NH); 2935 cm^{-1} (C-H aliphatique); 1787 cm^{-1} (C=O carbonate cyclique); 1705 cm^{-1} (OC(O)NH carbamate); 1412 cm^{-1} (faible, CH$_2$); 1199 cm^{-1} (faible, CH).

RMN ^1H (DMSO d_6): δ = 7,33 ppm (s, 2H, NH); δ = 4,97-4,99 ppm (m, 2H, b); δ = 4,55 ppm (s, 2H, a); δ = 4,12-4,24 ppm (m, 6H, c, a), δ = 2,94 ppm (s, 4H, e); δ = 1,37 ppm (s, 4H, f); δ = 1,18-1,28 ppm (m, 4nH, g).

RMN ^{13}C (DMSO, d_6): δ = 158,1 ppm (d); δ = 155,5 ppm (i); δ = 77,3 ppm (b); δ = 66,2 ppm (a); δ = 63,3 ppm (c); δ = 40,6 ppm (e); δ = 29,6 ppm (g); δ = 29,4 ppm (f); δ = 27,1 ppm (ng).

- Mode opératoire général pour la synthèse du polyuréthane

Dans un ballon de 50 ml équipé d'un réfrigérant et d'un tube de garde de CaCl$_2$, on introduit 1 équivalent (4 g) de dicarbonate avec 1 équivalent de différente diamine dans 20 ml de dichorométhane. Le mélange est agité à différentes températures. L'avancement de la réaction est suivi par IR, en se basant sur la disparition de la bande $v_{C=O}$ à 1780 cm^{-1} de la fonction carbonate cyclique du dicarbonate et l'apparition de la bande $v_{C=O}$ à 1704 cm^{-1} de la fonction uréthane.

*n : nombre d'atomes de carbone de la chaîne hydrocarbonée moins les carbones en α et en β de la fonction carbamate

FTIR v $_{C=O}$ (NaCl film): 3361 cm^{-1} (large, NH); 2950 cm^{-1} (C-H aliphatique); 1780 cm^{-1} (C=O carbonate cyclique); 1704 cm^{-1} (OC(O)NH fonction uréthane).

RMN ^1H (DMSO, d_6): δ = 7,26 ppm (s, 2H, NH); δ = 3,91-3,86 ppm (m, 3H, a, c); δ = 3,75-3,77 ppm (m, 2H, a,b); δ = 3,57-3,37 ppm (m, 2nH, e, f); δ = 2,96 ppm (s, 2H, e); δ = 1,19-1,29 ppm (m, 2nH, f).

RMN ^{13}C (DMSO, d_6): δ = 156,3 ppm (d); δ = 155,5 ppm (d'); δ = 67,2 ppm (a, c); δ = 65,4 ppm (b); δ = 40,9 ppm (e); δ = 29,9 ppm, δ = 29,2 ppm, δ = 26,3ppm (nf).

V.6. Matériel d'imprégnation

- Imprégnation

Les éprouvettes ont été imprégnées selon un procédé vide/pression réalisé avec le montage ci-dessous :

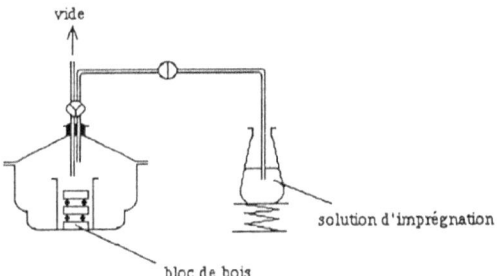

Les blocs sont pesés (m_0) puis placés dans un récipient lui-même placé à l'intérieur d'un dessiccateur équipé d'un robinet à deux voies puis soumis à un vide de 7 mbar pendant 15 minutes de façon à chasser l'air contenu dans le bois. La solution de traitement est alors introduite par aspiration jusqu'à ce que les éprouvettes soient totalement recouvertes puis la pression atmosphérique rétablie. Les éprouvettes sont maintenues immergées pendant deux heures avant d'être égouttées. Les éprouvettes sont alors séchées pendant une nuit à 60°C, puis la seconde imprégnation réalisée dans des conditions similaires à celles décrites précédemment. Les éprouvettes sont alors séchées à l'étuve pendant 48 h pour permettre la polymérisation.

La masse m_1 est la somme de la masse du bois et de la masse de produit introduit. On peut alors calculer le pourcentage de produit retenu dans le bois ou gain de masse.

$$\text{Gain de masse (\%)} = \frac{m_1 - m_0}{m_0} \times 100$$

- Lessivage des éprouvettes

La fixation du produit dans le bois après polymérisation a été évaluée de deux façons, soit en effectuant des lessivages au Soxhlet, soit en effectuant différentes périodes de lessivage selon une procédure simplifiée inspirée de la norme NF X41-565. Chaque éprouvette est placée dans un récipient contenant cinq fois son volume d'eau distillée, qui lui même est placé sur un agitateur mécanique. Elles sont alors soumises à une première phase de macération en réalisant trois cycles de lessivage (1, 2, 4 heures) avec changement de l'eau entre chaque cycle. Les éprouvettes sont ensuite séchées, puis pesées (m_2). Le pourcentage de produit lessivé est déterminé par la formule suivante :

$$\text{Pourcentage de produit lessivé (\%)} = ((m_1 - m_2) / (m_1 - m_0)) \times 100$$

----

où m_0 est la masse sèche de l'éprouvette non traitée, m_1 la masse anhydre de l'éprouvette traitée avant le lessivage et m_2 sa masse anhydre après lessivage.

- Mesure de l'efficacité anti-gonflement

L'influence du traitement sur la stabilisation dimensionnelle est évaluée par la mesure de l'ASE (Anti Swelling Efficiency) ou efficacité anti-gonflement. Cette valeur exprime, en pourcentage, la réduction du gonflement (ou du retrait) du bois traité par rapport au bois non traité. Le calcul de l'ASE se fait à partir des coefficients de gonflement selon les équations suivantes :

$$S\ (\%) = ((V_h - V_s)\ V_s) \times 100$$

où S est le coefficient de gonflement, V_h le volume du bois humide et V_s le volume du bois sec.

$$ASE\ (\%) = ((S_0 - S_1)/S_0) \times 100$$

où S_0 est le coefficient de gonflement du bois non traité et S_1 celui du bois traité.

- Traitement d'éprouvettes par des dicarbonates/diamine en deux étapes

Les éprouvettes de hêtre (*Fagus sylvatica*) sont préparées selon un protocole proche de celui recommandé par la norme européenne EN113. Avec des dimensions initiales de 1,5 x 2,5 x 5 cm selon les directions radiale, tangentielle et longitudinale, elles sont préalablement séchées à l'étuve (70°C pendant deux jours) puis imprégnées successivement par des solutions de dicarbonates et des solutions aqueuses (ou organique si nécessaire) de diamine comme décrit ci-dessous :

Une solution de dicarbonate est imprégnée sous vide dans 50 ml de solutions aqueuses (ou organiques si nécessaire), les éprouvettes sont séchées à 70°C pendant deux jours avant d'être à nouveaux imprégnés avec 1 équivalent de diamine dans 50 ml d'eau ou du solvant organique approprié.

- Essais biologiques

Les essais biologiques ont été réalisés sur des éprouvettes de hêtre exposées à l'action de *Poria placenta*, champignon de pourriture cubique responsable de 70% des dégâts

----

répertoriés à l'intérieur des habitations. D'autres essais réalisés avec *Coriolus versicolor* n'ont pu être exploités suite à des contaminations importantes du milieu de culture.

40 g de malt et 30 g d'agar sont dissous dans un litre d'eau distillée. Le mélange est homogénéisé par chauffage de la solution à 50°C. Le pH du mélange est ajusté à 4,8 à l'aide d'une solution d'acide chlorhydrique (0,5N). Le mélange est ensuite stérilisé à l'autoclave à 120°C pendant 25 minutes. Après refroidissement, le mélange stérilisé encore tiède (environ 40°C) est coulé à raison de 20 ml environ dans les boîtes de Pétri de 8,5 cm de diamètre sous une hotte à flux laminaire à proximité d'une flamme. Les boîtes sont ensuite laissées une heure sous la hotte de façon à laisser le milieu se solidifier.

Dans des conditions stériles (hotte à flux laminaire et à proximité d'une flamme), les boîtes de Pétri sont inoculées par un morceau de mycélium d'une culture fraîchement repiquée de *Poria placenta* introduit au centre du milieu gélosé. Les boîtes de Pétri sont placées dans une enceinte climatique de marque Binder KBF 115 régulée à 22°C et 70% H R et laissé pendant une semaine de façon à permettre la colonisation de toute la surface de la boite par le mycélium.

Les éprouvettes traitées ou non préalablement séchées à 100°C sont alors mises au contact du champignon sous conditions stériles et les boîtes de Pétri sont fermées avec du parafilm. Ces dernières sont laissées à incuber pendant 16 semaines dans une enceinte climatique à 22°C et 70% H R. Chaque essai est réalisé deux fois à raison de quatre éprouvettes par boîte de Pétri (3 traitées et 1 non traitée).

A la fin de la période d'incubation, les éprouvettes sont retirées des boîtes de Pétri, débarrassées du mycélium et pesées (m_1). Les éprouvettes sont ensuite séchées à 55°C durant 48 heures puis pesées (m_2). La perte de masse des échantillons est ensuite déterminée par la formule ci-dessous.

$$\text{Perte de masse (\%)} = [(m_0 - m_2)/m_0] \times 100$$

Références bibliographiques

-R. Alén, R. Kotilainen and A. Zaman, (2002). Thermochemical behaviour of Norway spruce (*Picea abies*) at 180-225°C. *Wood Science and Technology*, 36, 163-171

-S. Alexander, C. Wionmiun, S. Fumio, E. Takeshi, (2000). Addition of five-membered cyclic carbonate with amine and its application to polymer synthesis. *Polymer Science of Chemistry*, 38, 2375-2380

-M. Aresta, A. Dibenedetto, F. Nocito, C. Pastore, (2006). A study on the carboxylation of glycerol to glycerol carbonate with carbon dioxide: The role of the catalyst, solvent and reaction conditions. *Journal of Molecular Catalysis A: Chemical*, 257, 149–153

-A. Behr, J. Eilting, K. Irwadi, J. Leschinski, F. Lindner, (2008). Improved utilisation of renewable resources: New important derivatives of glycerol. *Green Chem*, 10, 13–30

-A. Behr, J. Eilting, K. Irawadi, J. Leschinski, F. Lindner, (2008). New chemical products on the basis of glycerol. *Chimica Oggi*, 26 (1), 32-36

-J. M. Bernard, (2008). Method for preparing polyhydroxy-urethane. PU WO2008107568 (A2)

-K.M. Bhat, P.K. Thulasidas,E.J. Maria Florence, K. Jayaraman, (2005). Wood durability of home-garden teak against brown-rot and white-rot fungi. *Trees*, 19, 654 – 660

-S. Cheol kim, Y. Hwan Kin, H. Lee, D. Yoon, B. Song, (2007). Lipase-catalyzed synthesis of glycerol carbonate from renewable glycerol and dimethyl carbonate through transesterification. *Journal of Molecular Catalysis B: Enzymatic*, 49, 75-78

-M.R. Cleland, RA. Galloway, A.J. Berejka, D. Montoney, M. Driscoll, L. Smith, L. Scott Larsen, (2009). X-ray initiated polymerization of wood impregnants. *Radiation Physics and Chemistry*, 78, 535-538

-W. Dale Ellis, J.L. O'Dell, (1999). Wood-Polymer Composites Made with Acrylic Monomers, Isocyanate, and Maleic Anhydride. *Journal of Applied Polymer Science*, 73, 2493-2505

-W. Dale Ellis, (2000). Wood-polymer composites: Review of processes and properties. Molecular Crystals and Liquid Crystals Science and Technology, Section A: *Molecular Crystals and Liquid Crystals*, 353, 75-84

-T.E. Dauvergne, P. Soulounganga, P. Gérardin, B. Loubinoux, (200). Glycerol/glyoxal : a new boron fixation system for wood preservation and dimensionnal stabilisation. *Holzforschung*, 54, 123-126

-C. Dean, Webster, (2003). Cyclic carbonate functional polymers and their applications. *Progress in Organic Coatings*, 47, 77–86

- D. Fabbri, V. Bevoni, M. Notari, F. Rivetti, (2007). Properties of a potential biofuel obtained from soybean oil by transmethylation with dimethyl carbonate. *Fuel-Elsevier, 86,* 690–697

-X.M. Fang, C.D. Simone, E. Vaccaro, S.J. Huang, D.A. Scola, (2002). Ring-opening polymerization of ε-caprolactam and ε-caprolactonevia microwave irradiation. *J Polym Sci, Part A: Polym Chem,* 40 (14): 2264–75

-D. Fengel, G. Wegener, (1984). Wood: Chemistry, Ultrastructure, Reactions. De Gruyter, Berlin

-J. George, Y. Patel, S. Muthukumaru Pillai, P. Munshi. (2009). Methanol assisted selective formation of 1, 2-glycerol carbonate from glycerol and carbon dioxide using nBu$_2$SnO as a catalyst. *Journal of Molecular Catalysis A: Chemical,* 304, 1–7

-M. Ghandi, A. Mostashari, M. Karegar,M. Barzegar (2007). Efficient Synthesis of a-Monoglycerides via Solventless Condensation of Fatty Acids with Glycerol Carbonate. *J Amer Oil Chem Soc,* 84: 681–685

-F. Green III, T.L Highley, (1997). Mechanism of Brown-Rot Decay: Paradigm or Paradox. *International Biodeterioration and Biodegradation,* 39 (2-3) 113-124

-M. Hakkou, M. Pétrissans, P. Gérardin and A. Zoulalian, (2005). Investigation of the reasons for fungal durability of heat-treated beech wood. *Polymer Degradation and Stability,* 91 (2), 393-397

-M. Hakkou, M. Pétrissans, A. Zoulalian, P. Gérardin, (2005). Investigation of wood wettability changes during heat treatment on the basis of chemical analysis. *Polym Degrad Stab,* 89: 1-5

-M. Harrington, (1996). Softwood structure, http:/www.mech.canterburry.ac.nz/sp

-Heinze, Thomas Editor (2005). Polysaccharides I: Structure, Characterization and Use. *Advances in Polymer Science,* 186-281

-Herault, David (2004). Alkyl and/or alkenyl glycérol carbamates. US 20040110659

-A. Herman, A. Bruson, T.W. Riener, (1951). Thermal decomposition of glyceryl carbonates. *JACS,* 74 (8), 2100-2101

-C.A.S. Hill, (2006). Wood modification: chemical, thermal and other processes. John Wiley & sons

-C. Hill, (2006). Chemical Modification of Wood (I): Acetic Anhydride Modification. Wiley serie in Renewable Resources. ISB NO-470-02172-1, 99-126. 45-76

-C. Hill, (2005). Chemical Modification of wood (II): reaction with other chemicals in Wood Modification Chemical, thermal and other processes, John Wiley & Sons, 77-97

-C. Hill, (2005). Commercialization of wood modification in Wood Modification – Chemical, thermal and other processes, John Wiley & Sons, 177-190

-P. Hoffman, (1999). On the stabilization of water logged oakwood in polyethylenglycol. *Testing the oligomers,* 42 (5), 289-294

-A. Lachowichz, G.F Grahr, (1991). DE3.937, 116

-S. Lande, M.H. Schneider, M. Westin, J. Philipps, (2006). Furfurylated Wood – An alternative to Preservative-treated Wood. IRG/WP 06-40349

-S. Lande, M. Westin, M. Schneider, (2008). Development of modified wood products based on furan chemistry. *Molecular Crystals and Liquid Crystals.* Vol 484, 1/[367]-12/[378]

-L. Liao, C. Zhang, S. Gong, (2007). Rapid synthesis of poly(trimethylene carbonate) by microware-assisted ring-opening polymerization. *European Polymer Journal,* 43, 4289-4296

-H. Militz, (2002). Thermal treatment of wood European process and their background. International Research Group on Wood Preservation. Document n° IRG/WP 02-40241

-H. Militz, S. Lande, (2009), Challenges in wood modification technology on the way to practical applications. *Wood Material Science and Engineering,* 4, 23-29

-M. Morard, C. Vaca-Garcia, M. Stevens, J. Van Acker, O. Pignolet, E. Borredon (2007). Durability improvement of wood by treatment with Methyl Alkenoate Succinic Anhydrides (M-ASA) of vegetable origin, *International Biodeterioration & Biodegradation, 59 103–110*

-Z. Mouloungui, S. Pelet, (2001). Study of the acyl transfer reaction: Structure and properties of glycerol carbonate esters. *Eur. J. Lipid Sci. Technol,* 103. 216–222

-M. Noël, E. Fredon, E. Mougel, D. Masson, E. Masson, L. Delmotte, (2009). Lactic acid/wood-based composite material. Part 1: *Synthesis and characterization. Bioresource Technology, 100 (20),* 4711-4716

-M. Noël, E. Fredon, E. Mougel, D. Masson, E. Masson, L. Delmotte, (2009). Lactic acid/wood-based composite material. Part 2: *Physical and mechanical performance. Bioresource Technology,* 100 (20), 4717-4722

-C. Novi, A. Mourran, H. Keul, M. Moller, (2005). Ammonium Functionalized Polydimethylsiloxanes: Synthesis and Properties. Macromol. *Chem. Phys,* 207, 273–286

-B. Ochiai, Y. Satoh, T. Endo, (2005). Nucleophilic polyaddition in water based on chemo-selectiiie reaction of cyclic carbonate with amine. *Green Chem,* 7, 765-767

-S. Pelet, J.W. Yoo, Z. Mouloungui, (1999). Analysis of Cyclic Organic Carbonates with Chromatographic Techniques. *J. High Resol. Chromatogr,* 22, (5) 276–278

-J. Peydecastaing, C. Vaca-Garcia, E. Borredoni, S. El Kasmi, (2009) Hydrophobicity of Mixed Acetic-Fatty Wood Esters, European Conference on Wood Modification

-G. Prompers, H. Keul, H. Hocker, (2006). Polyurethanes with pendant hydroxy groups: polycondensation of 1,6-bis-O-phenoxycarbonyl-2,3:4,5-di-O-isopropylidenegalactitol and 1,6-di-O phenoxycarbonylgalactitol with diamines. *Green Chem*, 8, 467–478, 467

-G. Rokicki, W. Kuran, (1984). Cyclic carbonates obtained by reactions of alkali metal carbonates with epihalohydrins. *Chem. Soc. Jpn*, 57, 1662-1666

-G. Rokicki, A. Piotrowska, (2002). A new route to polyurethanes from ethylene carbonate, diamines and diols. *Polymer*, 43, 2927-2935

-G. Rokicki, P. Rakoczy, P. Parzuchowski, M. Sobiecki, (2005). Hyperbranched aliphatic polyethers obtained from environmentally benign monomer: Glycerol carbonate. *Green Chem*, 7 (7), 529-539

-G. Rokiki, P. G. Parzuchowski, M. Kizlinska, (2007). New hyperbranched polyether containing cyclic carbonate groups as a toughening agent for epoxy resin. *Science Direct Polymer*, 48, 1857-1865

-R. Rowell, R.E. Ibach, M. James, N. Thomas, (2009). Understanding decay resistance, dimensional stability and strength changes in heat-treated and acetylated wood. *Wood Material Science and Engineering*, 4, Issue 1-2, 14-22

-R.M. Rowell, (2005). Chemical Modification of wood in Handbook of wood chemistry and wood composites, *Taylor and Francis*, 381-420

-R.M. Rowell, (2005). Lumen Modification in Handbook of wood chemistry and wood composites, *Taylor and Francis*, 421-446

-C. Roussel, V. Marchetti, A. Lemor, E. Wozniak, B. Loubinoux, P. Gérardin, (2001). Chemical modification of wood by polyglycerol/maleic anhydride treatment. *Holzforschung*, 55, 57-62

-J.A. Santos, (2000). Mechanical behaviour of eucalyptus wood modified by heat. *Wood Science and Technology*, 34, 39-43

-D. Savostianoff, info chimie n°293, 1988, 236,136-151

-M. Selva, A. Perosa, (2008). Green chemistry metrics: A comparative evaluation of dimethyl carbonate, methyl iodide, dimethyl sulfate and methanol as methylating agents. *Green Chem*, 10, (4), 457-464

-A.C Simao, L. Pukleviciene, C. Rousseau, P. Rollin, (2006). 1, 2-Glycerol Carbonate: A Versatile Renewal Synthon. *Letters in Organic Chemistry*, 3, 744-748

-E. Sjostrom, (1993). Wood Chemistry - Fundamentals and Applications. 2. Ed., 51-108. San Diego, USA, Academic Press

-P. Soulounganga, C. Marion, F. Huber, P. Gérardin, (2003). Synthesis of polyglycerol methacrylate and its application to wood dimensional stabilization. *Journal of Applied Polymer Science*, Vol. 88, 743-749

-P. Soulounganga, B. Loubinoux, E. Wozniak, A. Lemor, P. Gérardin, (2004). Improvement of wood properties by impregnation with polyglycerol methacrylate. *Holz als Roh-und Werkstoff*, 62, 281-285

-A.J. Stamm., (1965). Factors affecting bulking and dimensional stabilisation of wood with polyethylene glycols. *Forest Prod. J*, 14 (10), 403-408

-A. Steblyanko, W. Choi, F. Sanda, T. Endo, (2000). Addition of Five-Membered Cyclic Carbonate with Amine and Its Application to Polymer Synthesis. *Journal of Polymer Science: Part A: Polymer Chemistry*, 38, 2375–2380

-B. Stefke, B. Hinterstoisser, (2002). Modified Wood Properties and Markets, Holzwirtschaft an der Universität für Bodenkultur. *Acetylierung von Holz. In Lignovisionen: Modifiziertes Holz Eigenschaften und Märkte*, 25-55. ISSN 1681-2808

-R. Stingl, M. Patzelt. A. Teischinger, R. Ein-und, (2002). In ausgewählte Verfahren der thermischen Modifikation dans Modifiziertes. *Holz Eigenschaften und Märkte*, 57-100

-P.K. Thulasidas, K.M. Bhat, (2007). Chemical extractive compounds determining the brown-rot decay resistance of teak wood. *Holz als Roh- und Werkstoff*, 65 (2), 121-124

-B.F. Tjeerdsma, M. Boonstra, A. Pizzi, P. Tekely and H. Militz, (1998). Characterisation of the thermally modified wood: molecular reasons for wood performance improvement. *Holz roh-werkstoff*, 56, 149-153

-B.F. Tjeerdsma, M. Stevens and H. Militz, (2000). Durability aspects of (hydro) thermal treated wood. International Research Group on Wood Preservation. Document n° IRG/WP 00-40160

-H. Tomita, F. Sanda, T. Endo, (2001). Structural Analysis of Polyhydroxyurethane Obtained by Polyaddition of Bifunctional Fiiie-Membered Cyclic Carbonate and Diamine Based on the Model Reaction. *Journal of Polymer Science: Part A: Polymer Chemistry*, 39, 851–859

-E. Toussaint-Dauvergne, P. Soulounganga, P. Gérardin, B. Loubinoux, (2000). Glycerol/glyoxal: a new boron fixation system for wood preservation and dimensional stabilization. *Holzforschung*, 54, 123-126

-M.C. Triboulot, P. Triboulot, (2001). Matériaux bois-Structure et Caractéristiques *Techniques de l'Ingénieur*, (925), 1-23

-M.C. Trouy-Triboulot, P. Triboulot, (2001). Matériaux bois - Durabilité. Finition, *Techniques de l'Ingénieur*, (926), 1-14

-C. Vaca-Garcia, O. Pignolet, I. Rekarte, O. Munné, E. Borredon, (2009). Wood Chemical Modification with Alkenyl Succinic Anhydrides Bearing an Ester Group. *European Conference on Wood Modification*, 133-138

-C. Vieville, J.W. Yoo, S. Pelet and Z. Mouloungui, (1998). Synthesis of glycerol carbonate by direct carbonatation of glycerol in supercritical CO_2 in the presence of zeolites and ion exchange resins. *Catalysis Letters* 56, 245–247

-D.C. Webster, (2003). Cyclic carbonate functional polymers and their applications. *Progress in organic coatings,* 47, (1), 77-86

-J.J. Weiland and R. Guyonnet, (2003). Study of chemical modifications and fungi degradations of thermally modified wood using DRIFT spectroscopy. *Holz als Roh und werstoff,* 61, 216-220

-C.R. Welzbacher, C. Brischke and A.O. Rapp, (2007). Influence of treatment temperature and duration on selected biological, mechanical, physical and optical properties of thermally modified timber. *Wood Material Science and Engineering,* 2 (2), 66-76

-L. Ubaghs, N. Fricke, H .Keul, H. Hoker, (2004). Polyurethanes with pendant hydroxyl groups: synthesis and characterization. Macromol. *Rapid Commun,* 25, 517–521

-C. Zhang, L.J Liu, LQ. Liao, RX. Zhuo, (2003). Microwave-assisted ring opening polymerization of trimethylene carbonate. *Polym Prep,* 44(1): 874–5

-C. Zhang, L.J Liu, L.Q. Liao, (2004). Rapid ring-opening polymerization of D, L-lactide by microwaves. *Macromol Rap Commun,* 25(15): 1402–5

Afin de faciliter la lecture ce mémoire, tous les produits sont rassemblés sur ce dépliant

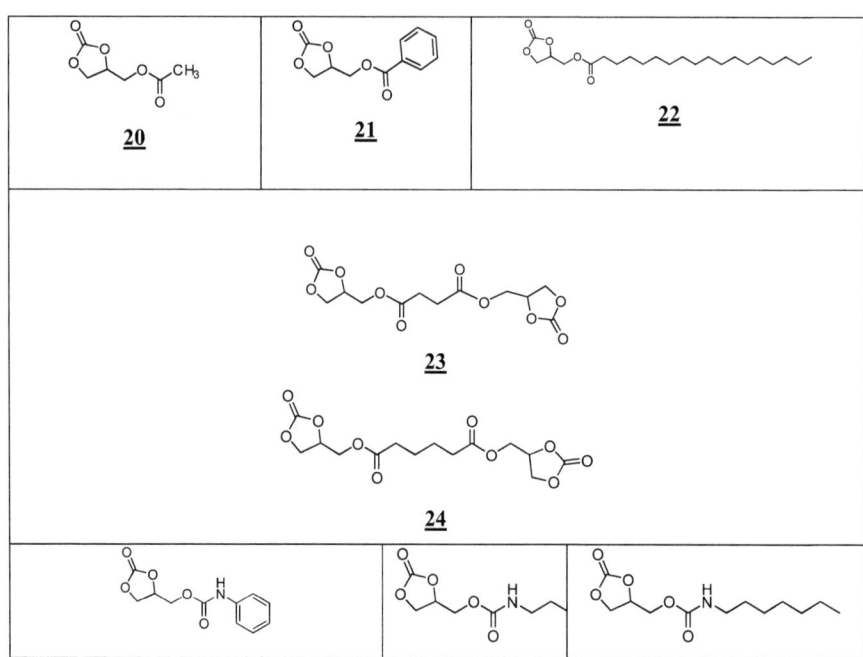

Carbonate de glycérol   Glycérol   PG3

PG10

Voie 1

DCPG3   DCPG10

Structure modèle   Structure modèle

Voie 2

20   **21**   **22**

23

24

26		28
	27	
29	**30**	
31		
32		

Voie 3

48	**49**

50

51

52

53

54

55

Résumé

Les études menées au cours de cette thèse portent sur le développement de différents traitements du bois basés sur l'utilisation de carbonates cycliques dérivés du glycérol, matière première d'origine renouvelables, dans le but de développer de nouvelles méthodes de modification chimiques du matériau bois.

Les travaux se sont déroulés en deux temps: la première partie du travail a consisté à utiliser directement le carbonate de glycérol pour développer des traitements en phase aqueuse suivis, après imprégnation du produit dans le bois, d'une réaction de polymérisation permettant de fixer ce dernier afin d'éviter son lessivage. Les résultats obtenus se sont avérés difficilement applicables en raison des conditions réactionnelles trop dures, incompatibles avec la stabilité thermique du bois.

La seconde partie a concerné la formation de polyuréthanes dans le bois sans avoir recours à l'utilisation d'isocyanates en utilisant des réactions de condensation d'amines sur des di ou polycarbonates cycliques. Différentes voies ont été explorées pour l'élaboration des di ou polycarbonates cycliques impliquant soit l'utilisation du carbonate de glycérol sur un module de jonction approprié, soit l'action du carbonate de diméthyle sur du polyglycérol.

La formation des polyuréthanes a ensuite été étudiée en phase homogène puis appliquée au traitement du bois. Les résultats obtenus indiquent, en fonction des traitements réalisés, une augmentation de la stabilité dimensionnelle et de la résistance du bois au champignon de pourriture brune *Poria placenta*.

Mots clés*: stabilité dimensionnelle, carbonate de glycérol, carbonate cyclique, glycérol, modification du bois, polyuréthanes.*

Abstract

The studies conducted during this thesis focuses on the development of various wood treatments based on the use of cyclic carbonates derived from glycerol, renewable source of raw materials in order to develop new methods of chemical modification of wood materials.

The work proceeded in two stages: the first part of this work was to directly use the glycerol carbonate to develop treatments in the aqueous phase followed, after impregnating the wood product, a polymerization reaction for fixing the last to avoid leaching. The results have proved difficult to apply because of the reaction conditions too harsh, inconsistent with the thermal stability of wood.

The second part related to the formation of polyurethanes in the wood without resorting to the use of isocyanates using condensation reactions of amines on cyclic di or polycarbonates. Various ways have been explored for the development of cyclic di or polycarbonate involving either the use of glycerol carbonate in a suitable junction module, or the action of dimethyl carbonate of polyglycerol.

The formation of polyurethanes has been studied in a homogeneous phase and then applied to the treatment of wood. The results indicate, for the treatments performed, an increase of dimensional stability and resistance to wood brown rot fungus *Poria placenta*.

Keywords*: dimensional stability, glycerol carbonate, cyclic carbonate, glycerol, wood modification, polyurethanes.*